机械制图与 CAD 基础习题集

主编 陈慧斌 李添翼

北京理工大学出版社
BEIJING INSTITUTE OF TECHNOLOGY PRESS

目 录

第 1 章　机械制图的基础知识与技能……………………………………………………………（ 1 ）

第 2 章　正投影与三视图…………………………………………………………………………（ 13 ）

第 3 章　轴测图的绘制……………………………………………………………………………（ 28 ）

第 4 章　切割体与相贯体…………………………………………………………………………（ 31 ）

第 5 章　组合体视图………………………………………………………………………………（ 36 ）

第 6 章　机件的常用表达方法……………………………………………………………………（ 50 ）

第 7 章　常用件与标准件…………………………………………………………………………（ 79 ）

第 8 章　零件图……………………………………………………………………………………（ 86 ）

第 9 章　装配图……………………………………………………………………………………（101）

第1章　机械制图的基础知识与技能

1.1　字体练习

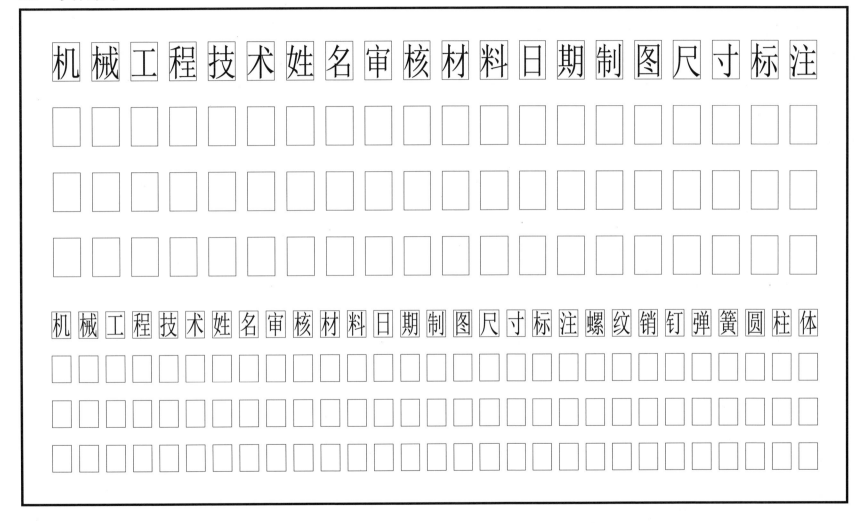

1.1 字体练习（续）

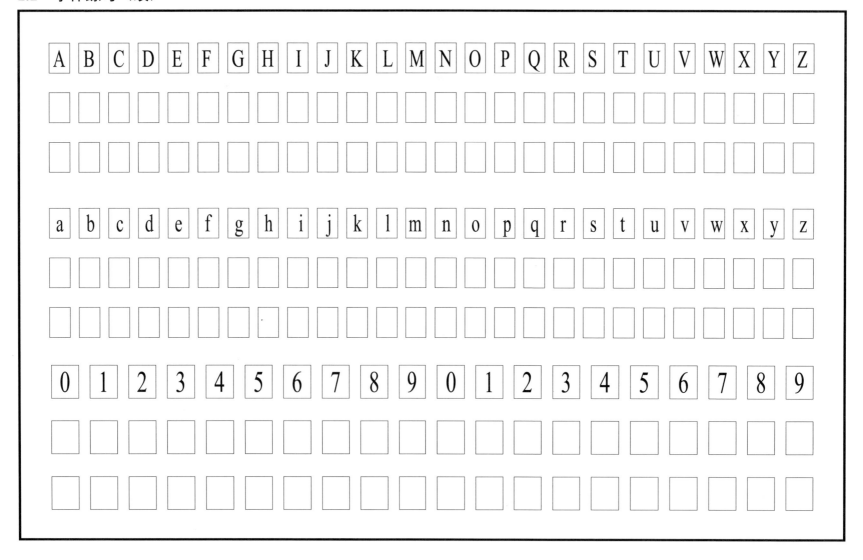

1.2 图线练习

名称	线型	绘制图线
粗实线	———————————————	
细虚线	- - - - - - - - - - - - - - -	
细实线	———————————————	
细点画线	— · — · — · — · — · —	
细双点画线	— ·· — ·· — ·· — ·· —	
波浪线	～～～～～～	
双折线	─∿─∿─∿─	
粗点画线	━ ■ ━ ■ ━ ■ ━ ■ ━	
粗虚线	▬ ▬ ▬ ▬ ▬ ▬ ▬ ▬	
剖面线	////// \\\\\\	

1.3 参照左图，完成右图尺寸标注

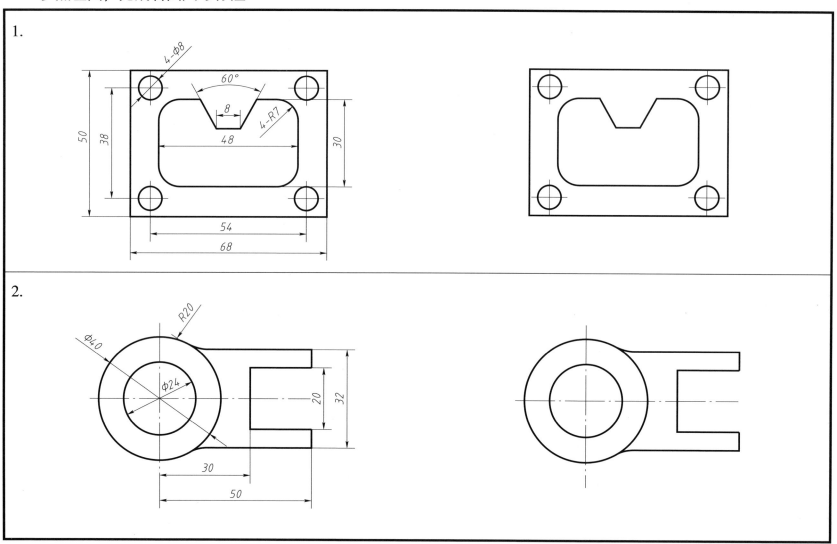

1.3 参照左图，完成右图尺寸标注（续）

3.

4.

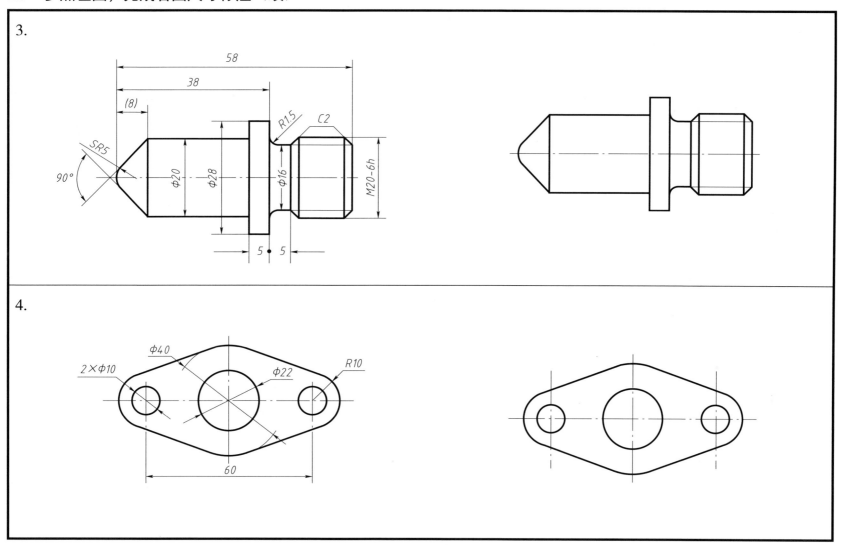

1.4 基本几何体练习

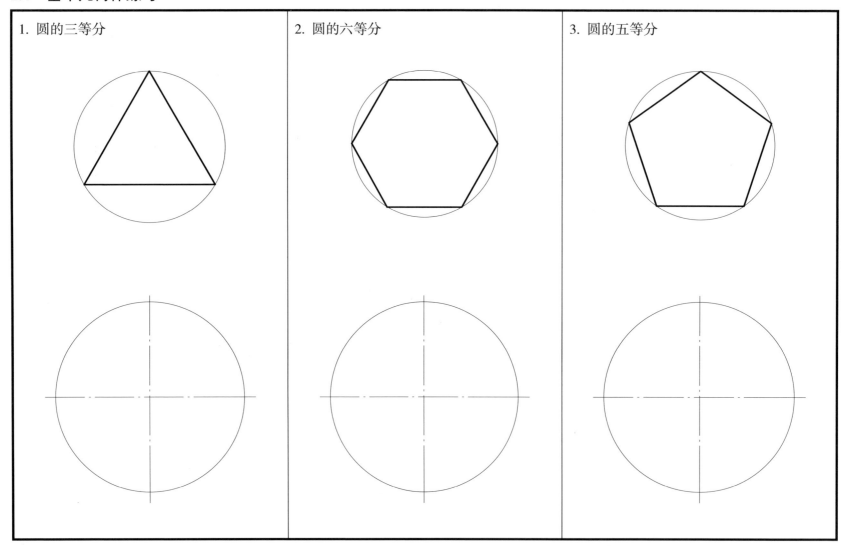

1.4 基本几何体练习（续）

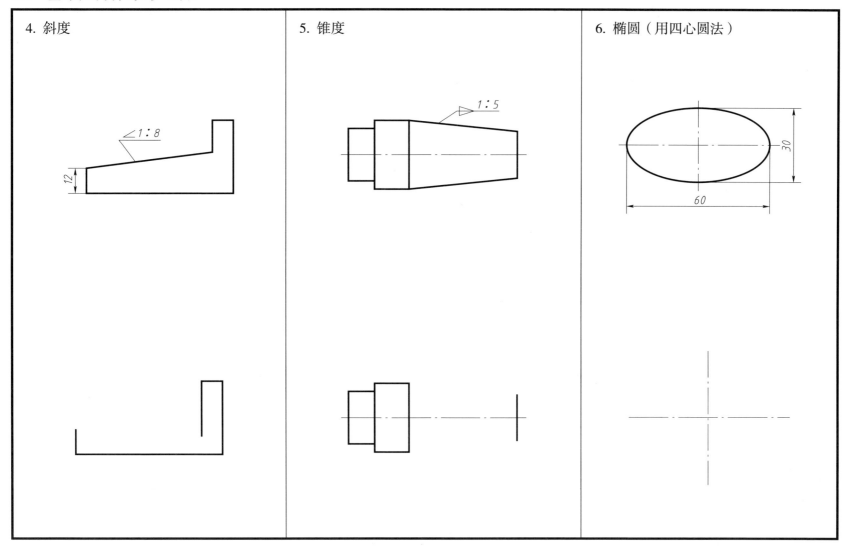

1.5　圆弧连接练习

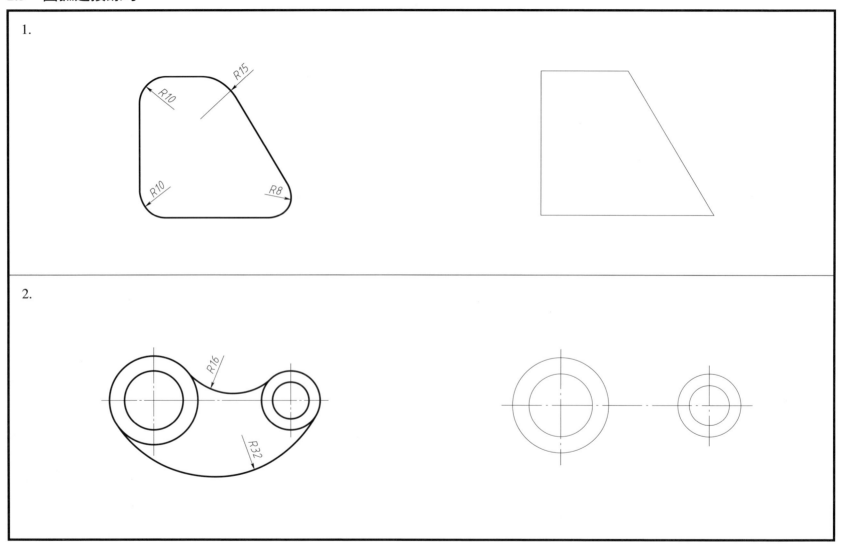

1.5 圆弧连接练习（续）

1.

2.

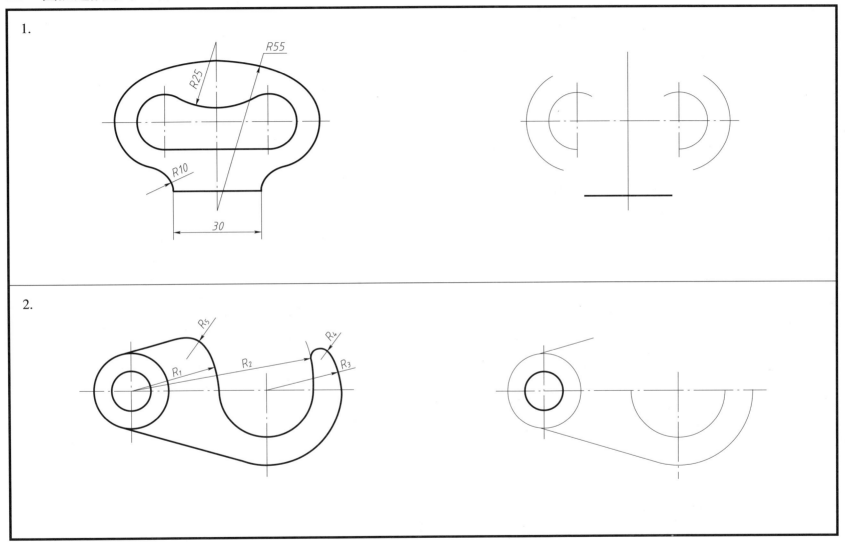

1.6 平面图形练习

根据教师指定的图号，在图纸上用 1:1 画出下列图形，并标注尺寸

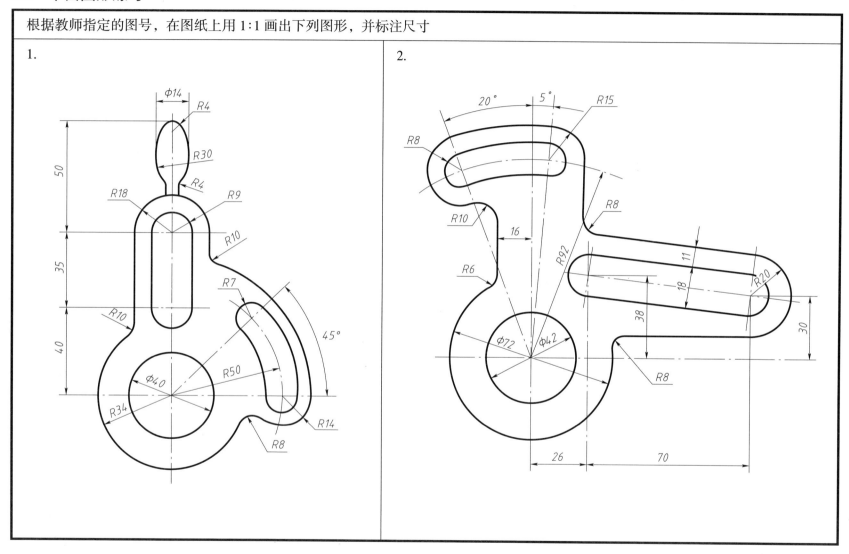

1.7 AutoCAD 平面图形练习

1. 建立文件夹

新建一文件夹，文件夹的名称为学生的姓名。

2. 环境设置

（1）运行软件，建立模板文件"A3.dwt"，设置绘图区域为（420 mm × 297 mm）幅面，打开"栅格"观察绘图区域。

（2）设置绘图单位格式，长度"类型"为"小数"，"精度"为"0.0"；角度"类型"为"度/分/秒"，"精度"为"0d00"。

（3）建立文字样式，样式名为"工程图字体"，字体选用"仿宋"，高度为"5"，宽度因子为"1.5"。

（4）建立标注样式，样式名为"工程图标注"，文字样式选用"工程图字体"，箭头大小设置为"5"，文字对齐设置为"与尺寸线对齐"，主单位精度设置为"0"，小数分隔符设置为"句号"。

（5）建立新图层，并设置图层名称、颜色、线型及线宽，如下表所示。

图层名	颜色	线型	线宽
0	黑/白色	Continuous	默认
粗实线	黑/白色	Continuous	0.50
点划线	红色	CENTER	默认
细实线	蓝色	Continuous	默认
虚线	黄色	DASHED	默认
尺寸线	绿色	Continuous	默认

（6）保存成模板文件"A3.dwg"到文件夹中。

（7）新建 AutoCAD 文件，并以 A3 模板打开。

3. 绘制平面图形

按要求绘制平面图形并标注尺寸，将完成的图形以"全部缩放"的形式显示，并以"××平面图形.dwg"为名称保存到文件夹中。

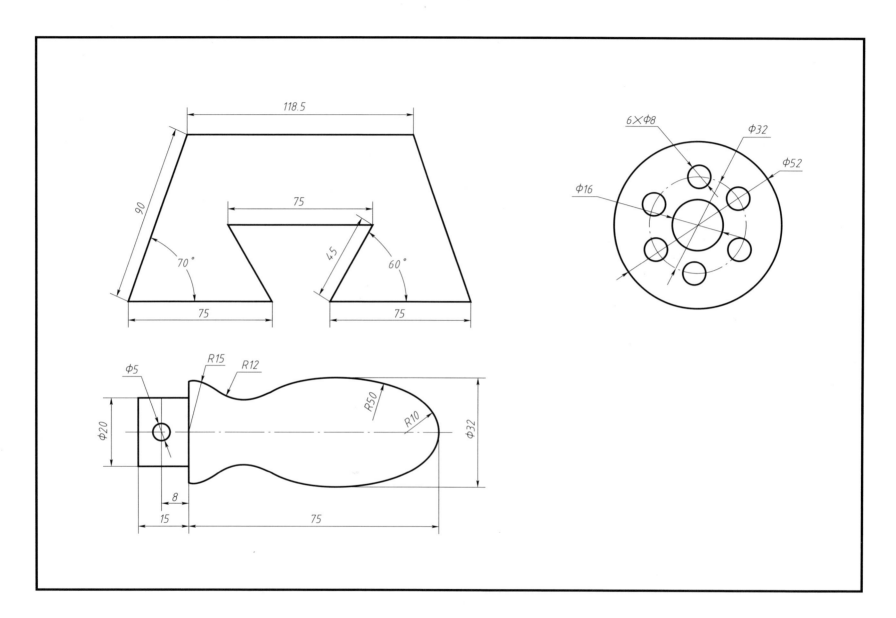

第 2 章　正投影与三视图

2.1　三视图读图练习

观察物体的三视图，在立体图中找出相对应的物体，填写对应的序号

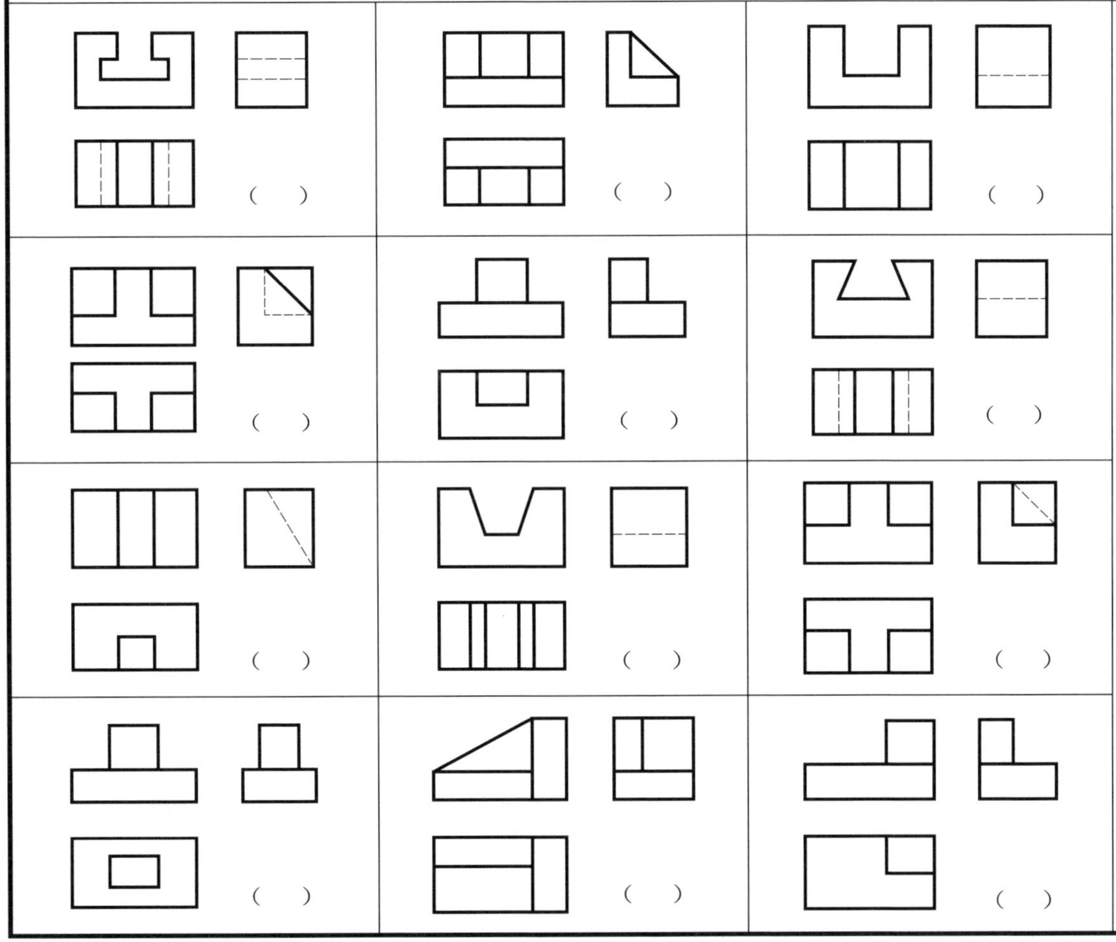

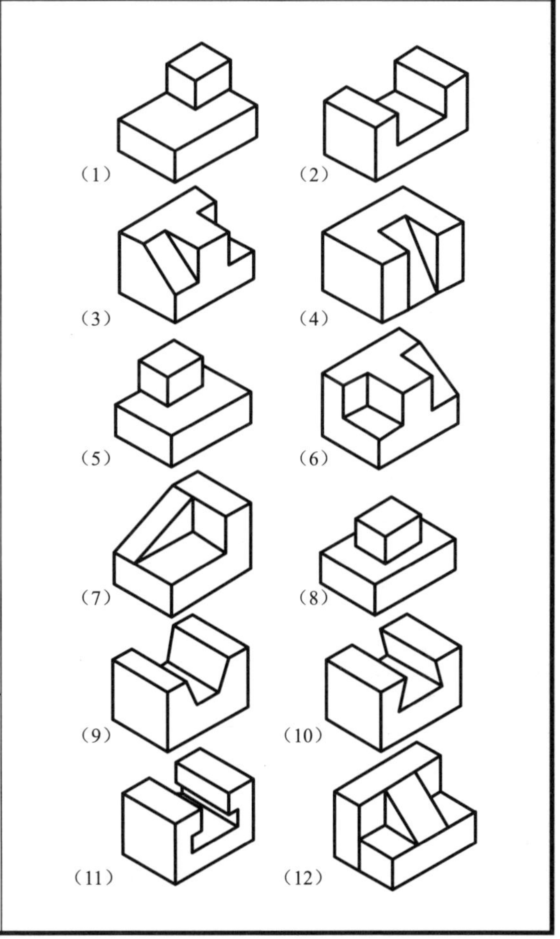

（　）　（　）　（　）
（　）　（　）　（　）
（　）　（　）　（　）
（　）　（　）　（　）

(1) (2) (3) (4) (5) (6) (7) (8) (9) (10) (11) (12)

2.2　参照立体示意图补画第三视图

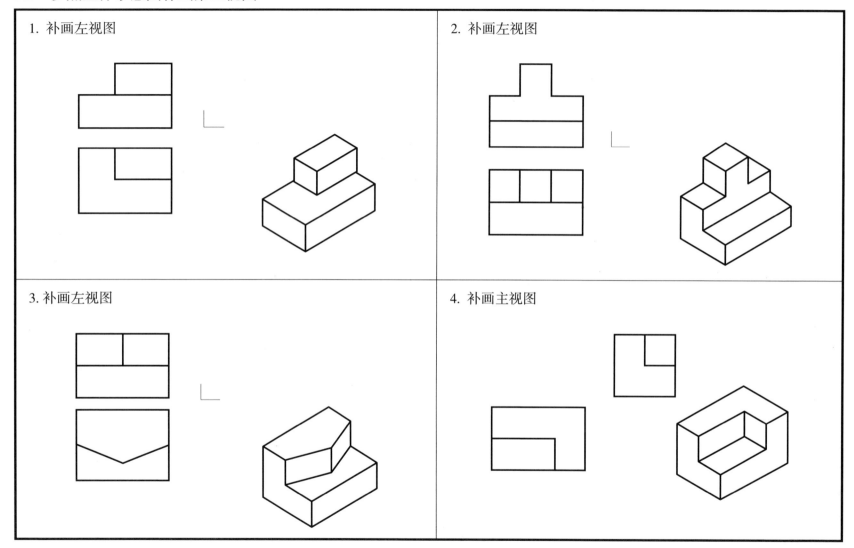

2.3 参照立体示意图，补画三视图中漏画的图线，并填空

1. 在立体示意图上标出题中所示平面的字母

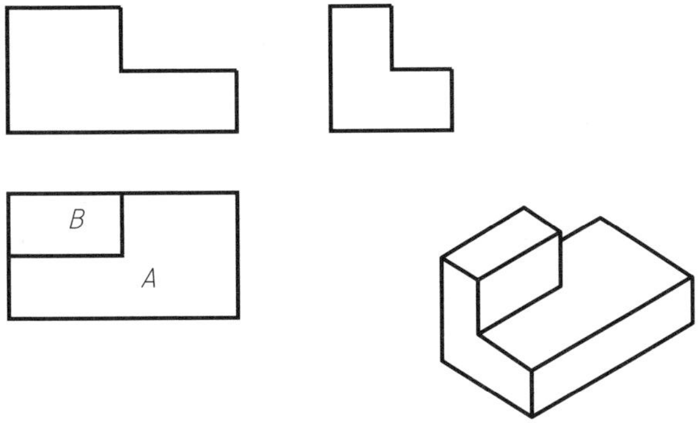

比较俯视图中两个平面的上、下位置：
面 A 在_____，面 B 在_____。

2. 在立体示意图上标出题中所示平面的字母

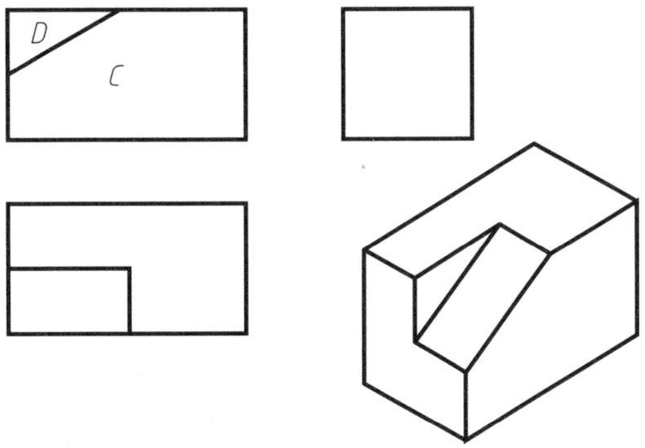

比较主视图中两个平面的前、后位置：
面 C 在_____，面 D 在_____。

3. 在立体示意图上标出题中所示平面的字母

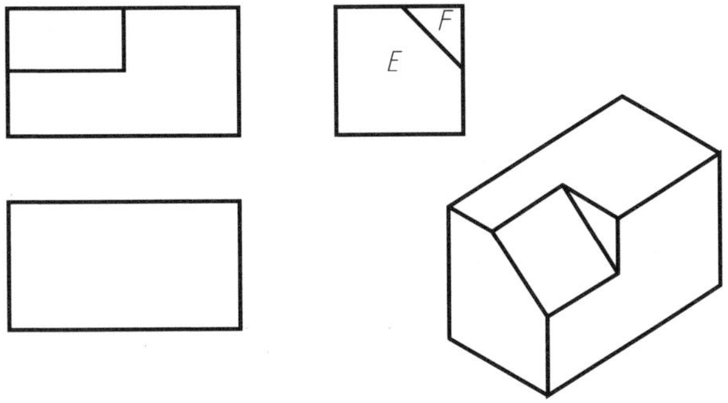

比较左视图中两个平面的左、右位置：
面 E 在_____，面 F 在_____。

4. 在主视图上注出 A、B、C 三个平面的字母

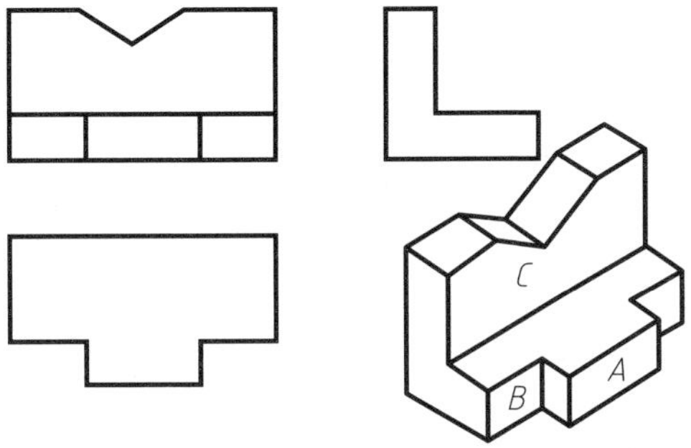

比较 A、B、C 三个平面的前、后位置：
面 A 在面 B 之_____，面 C 在面 B 之_____。

2.4 点的投影练习（一）

1. 按立体图作出点 A 的三面投影（坐标值在立体图中量取整数）

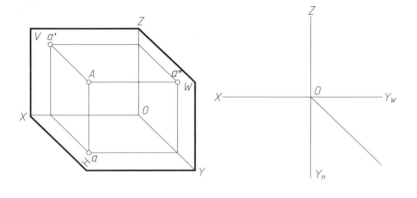

2. 已知各点的两面投影，求作第三投影

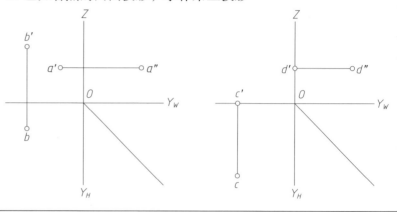

3. 作点 A（20，15，25）、B（10，0，20），并填写出各点距投影面的距离

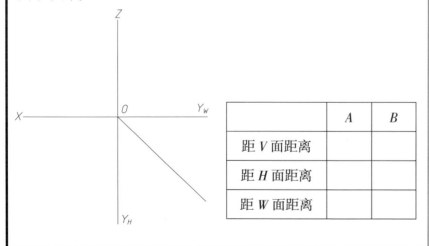

	A	B
距 V 面距离		
距 H 面距离		
距 W 面距离		

4. 已知点 C、D 的 H、V 面投影，求作两点的 W 面投影，并表明可见性

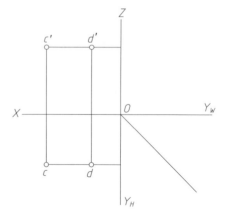

2.4 点的投影练习（二）

1. 已知平面体上点 A、B、C、D 的两面投影，标出它们的侧面投影，并在立体图上标出其位置

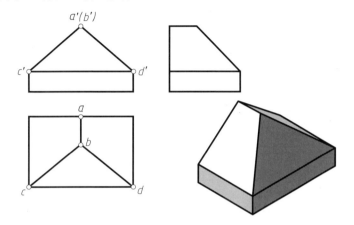

2. 已知物体的主、俯视图，补画左视图，并填空

（1）在投影图上标出点 A、B 的投影

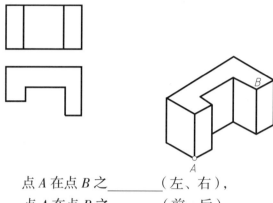

点 A 在点 B 之_____（左、右），
点 A 在点 B 之_____（前、后）。

（2）在立体图上标出点 C、D 的位置

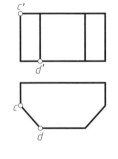
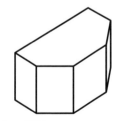

点 C 在点 D 之_____（上、下），
点 C 在点 D 之_____（前、后）。

（3）在立体图上标出点 E、F 的位置

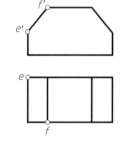
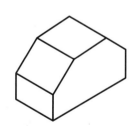

点 E 在点 F 之_____（左、右），
点 E 在点 F 之_____（前、后）。

2.5 直线的投影练习（一）

1. 已知水平线 AB 在 H 面上方 20，求作另两面投影

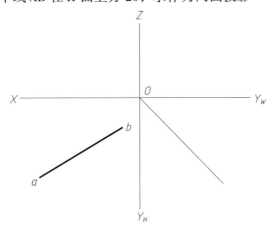

2. 求作线段 CD 的 W 面投影

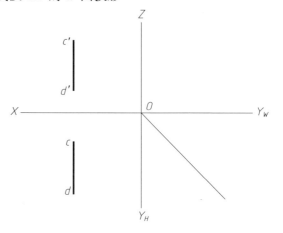

3. 已知线段 EF 垂直于 W 面，求作另两面投影

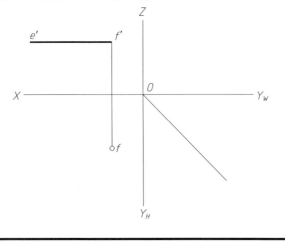

4. 已知线段 AB 的两面投影，求作第三面投影

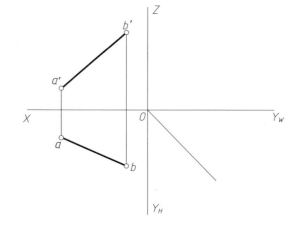

2.5 直线的投影练习（二）

1. 补画俯、左视图中的漏线，标出立体图上各点的三面投影并填空

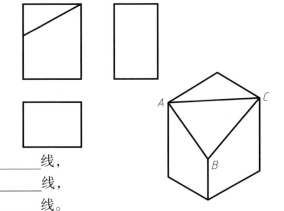

AB 是_____线，

BC 是_____线，

CA 是_____线。

2. 补画左视图，标出立体图上各点的三面投影并填空

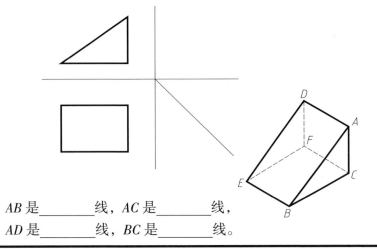

AB 是_____线，AC 是_____线，

AD 是_____线，BC 是_____线。

3. 已知立体的主、俯视图，补画左视图并填空

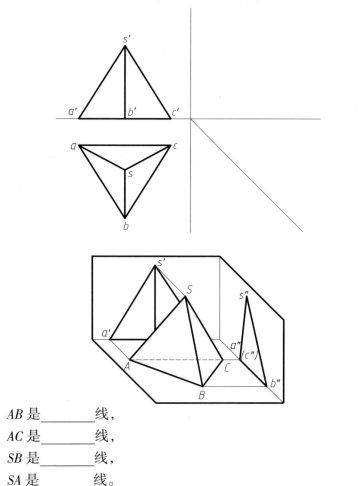

AB 是_____线，

AC 是_____线，

SB 是_____线，

SA 是_____线。

2.6 平面的投影练习（一）

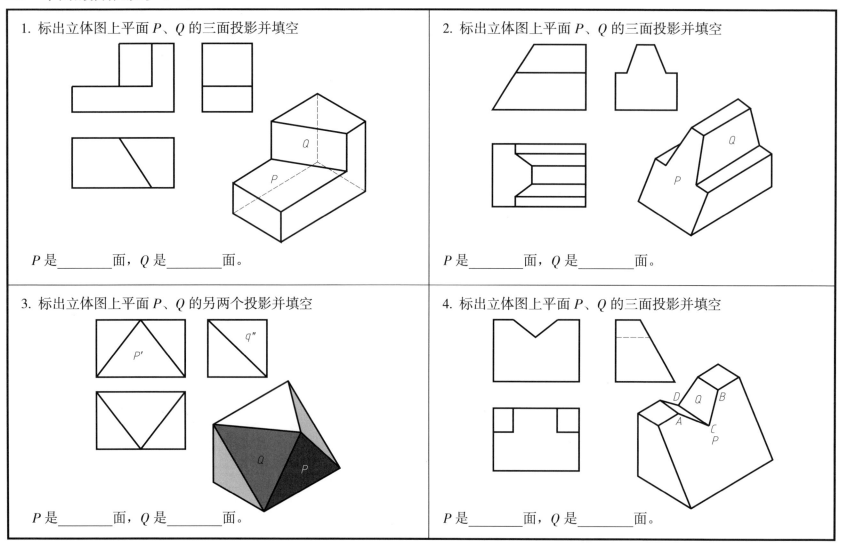

1. 标出立体图上平面 P、Q 的三面投影并填空

P 是_____面，Q 是_____面。

2. 标出立体图上平面 P、Q 的三面投影并填空

P 是_____面，Q 是_____面。

3. 标出立体图上平面 P、Q 的另两个投影并填空

P 是_____面，Q 是_____面。

4. 标出立体图上平面 P、Q 的三面投影并填空

P 是_____面，Q 是_____面。

2.6 平面的投影练习（二）

标出立体图中平面 P 或 Q 的三面投影（涂色），补画左视图或俯视图中的漏线并填空

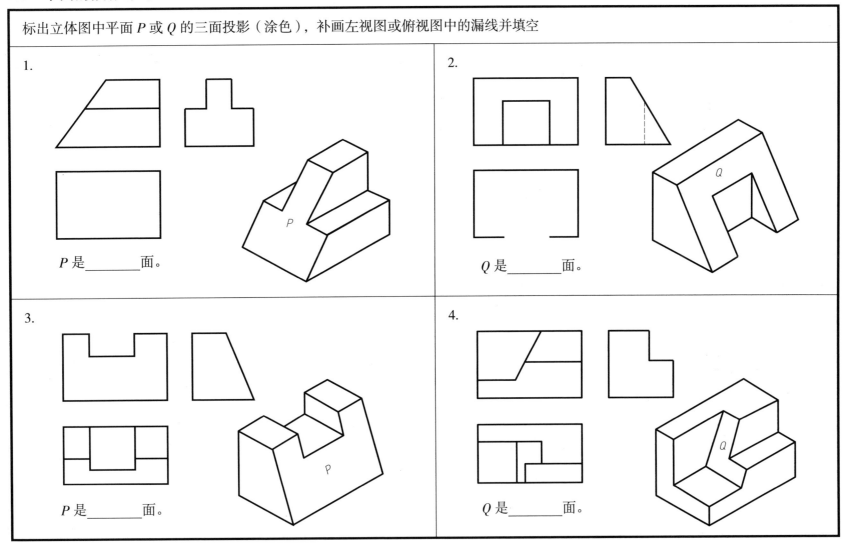

1. P 是_____面。

2. Q 是_____面。

3. P 是_____面。

4. Q 是_____面。

2.6 平面的投影（三）

1. 根据已知条件分别作出各平面的投影：（1）正平面；（2）铅垂面，$\beta=30°$；（3）侧垂面，$\alpha=60°$。

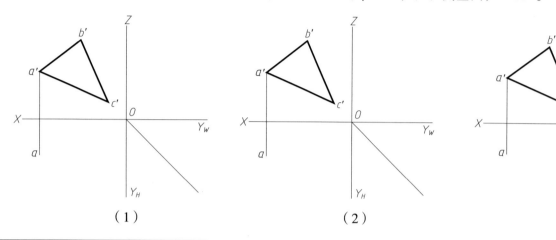

（1）　　　　　　　　（2）　　　　　　　　（3）

2. 根据平面图形的两面投影，求作第三投影，并判断与投影面的相对位置后进行填空

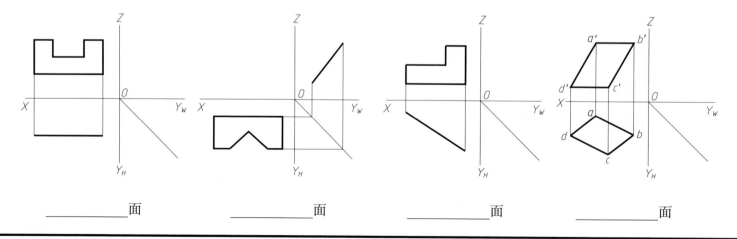

_____面　　　　　　_____面　　　　　　_____面　　　　　　_____面

2.7 平面体及表面上点的投影练习

补画第三视图，并作出立体表面上点的另两个投影

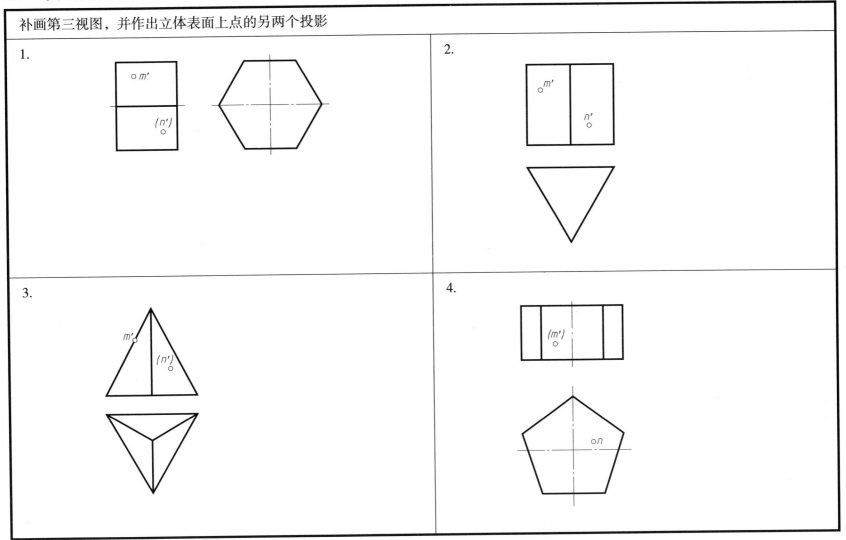

2.8 曲面体及表面上点的投影练习

补画第三视图，并作出立体表面上点的另两个投影

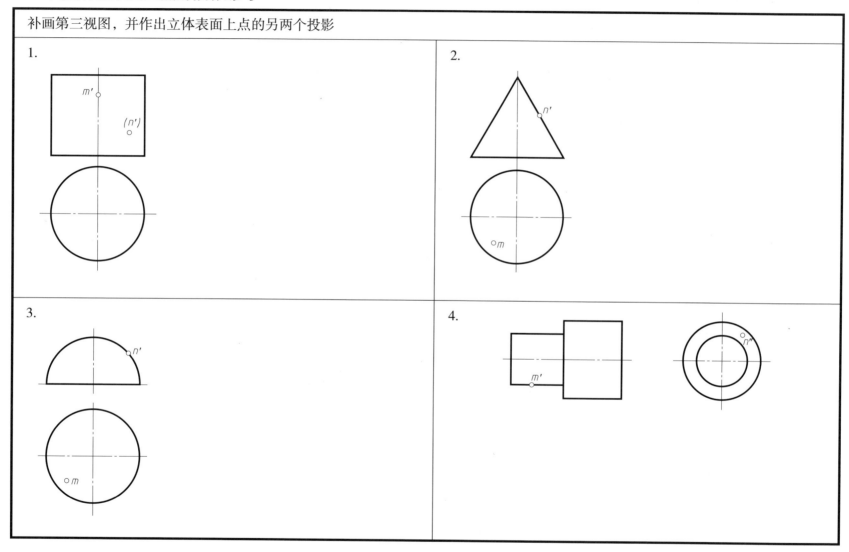

2.9 AutoCAD 绘制三视图练习（一）

1. 用 AutoCAD2010 新建图形文件，命名为"××班××同学－三视图"。
2. 设定图形的绘图范围为 A4 图纸大小。
3. 建立新图层，并设置图层名称、颜色、线型及线宽，如下表所示。

图层名	颜色	线型	线宽
0	黑/白色	Continuous	默认
粗实线	黑/白色	Continuous	0.50
点划线	红色	Center	默认
细实线	蓝色	Continuous	默认
虚线	黄色	Dashed	默认
尺寸线	绿色	Continuous	默认

4. 按立体图 1:1 画出三视图，并标注尺寸。
5. 添加图框及标题栏。

2.9 AutoCAD 绘制三视图练习（二）

1.

2.

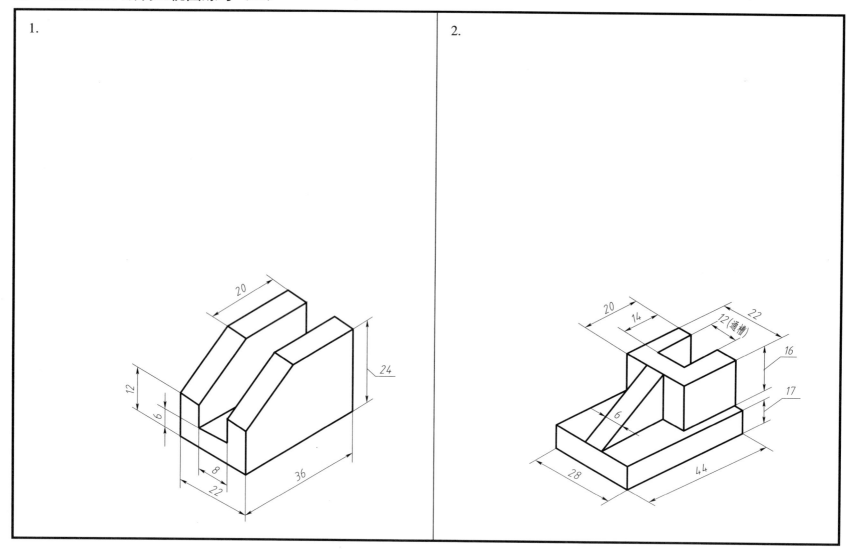

2.9 AutoCAD 绘制三视图练习（三）

3.

4.

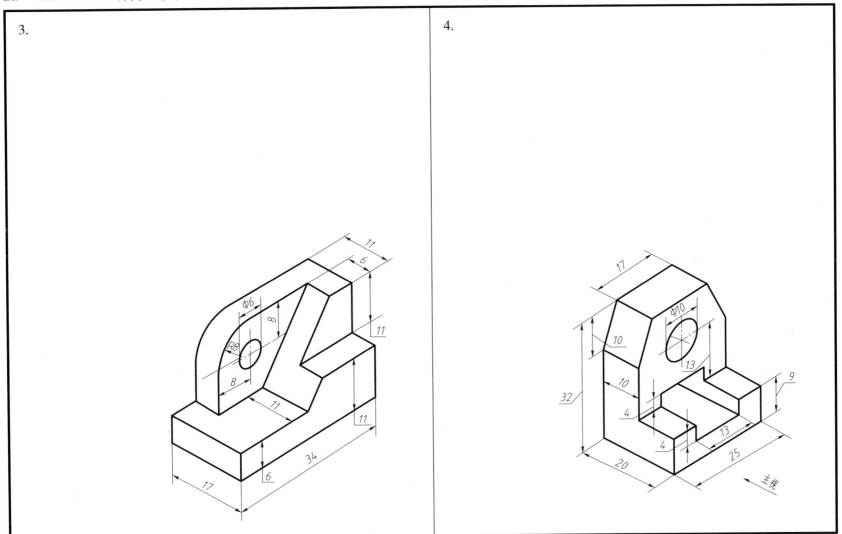

第3章 轴测图的绘制

3.1 已知三视图，画出正等轴测图

1.

2.

3.

4.

3.2 根据已知视图画出正等轴测图

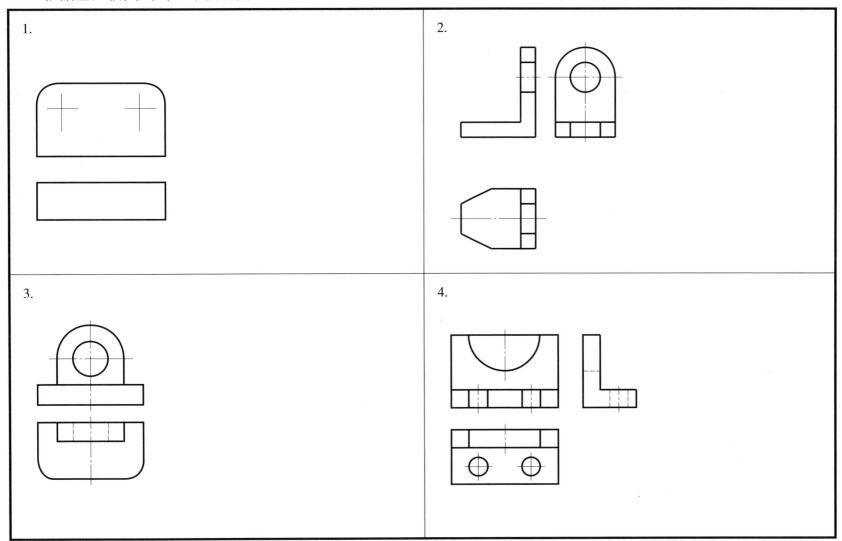

3.3 根据已知视图画出斜二轴测图

1.

2.

3.

4.

第4章 切割体与相贯体

4.1 平面立体截交线（完成平面立体切割后的三面投影）

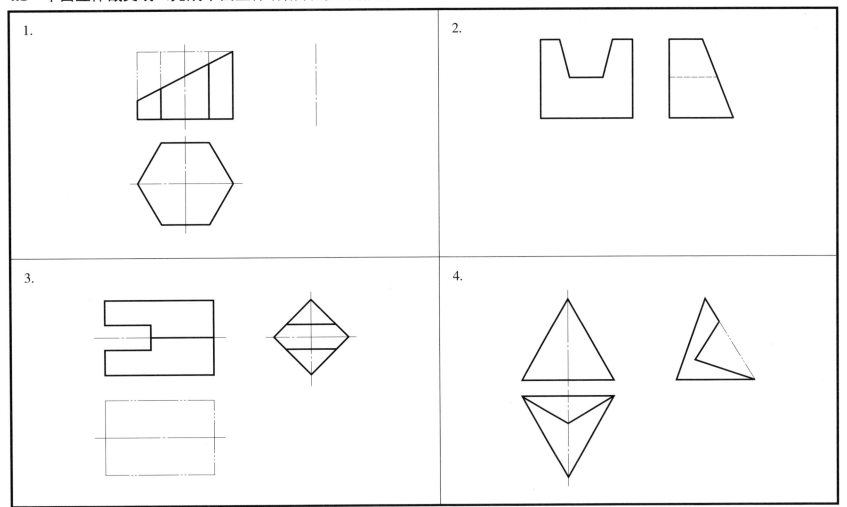

4.2 曲面立体截交线（完成曲面立体切割后的三面投影）（一）

1.

2.

3.

4.

4.2 曲面立体截交线（完成曲面立体切割后的三面投影）（二）

1.

2.

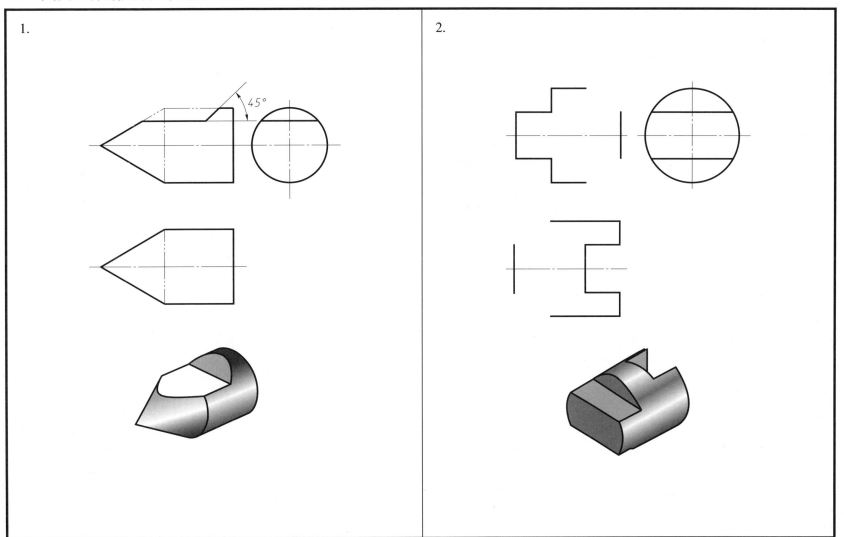

4.3 分析曲面立体相贯线，补全投影（一）

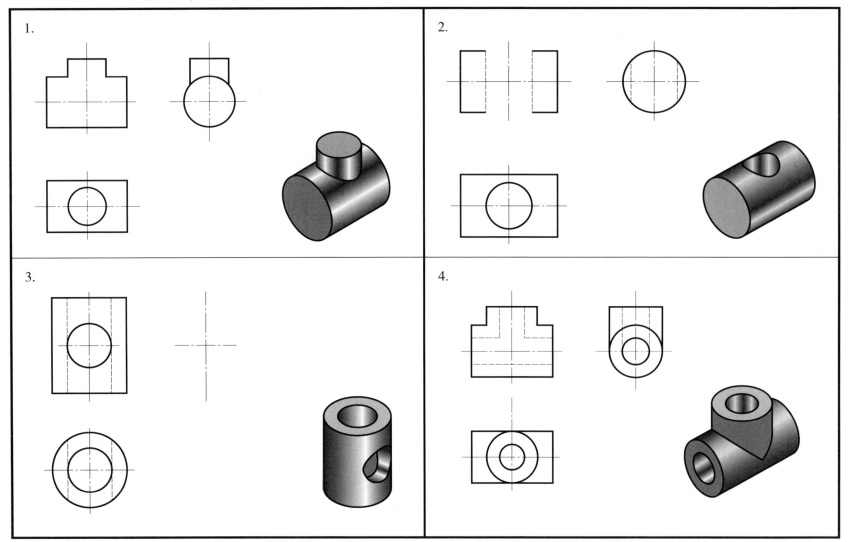

4.3 分析曲面立体相贯线，补全投影（二）

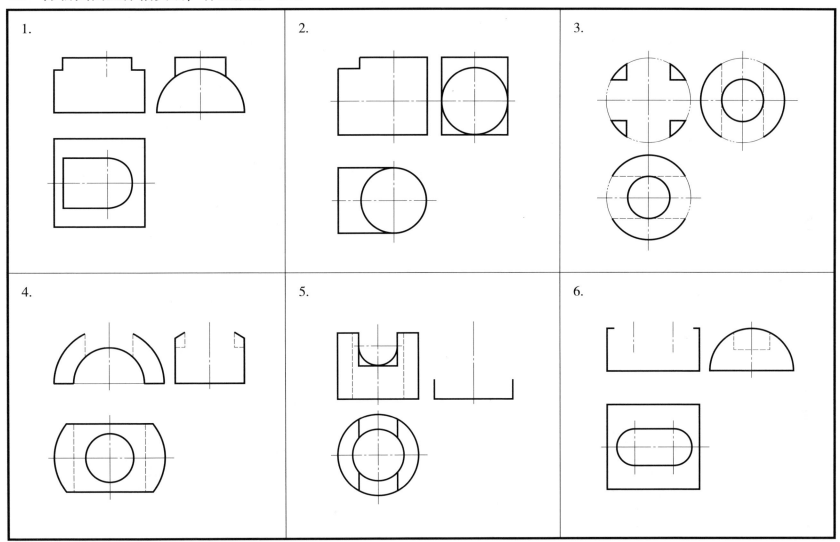

第 5 章 组合体视图

5.1 补画视图中的缺线

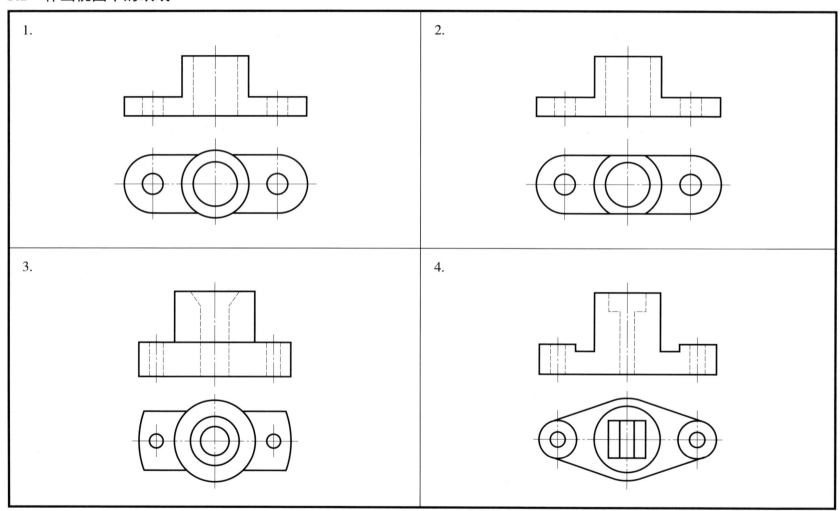

5.2 画组合体三视图（根据轴测图所注尺寸，按 1:1 比例画组合体三视图）（一）

1.

2.

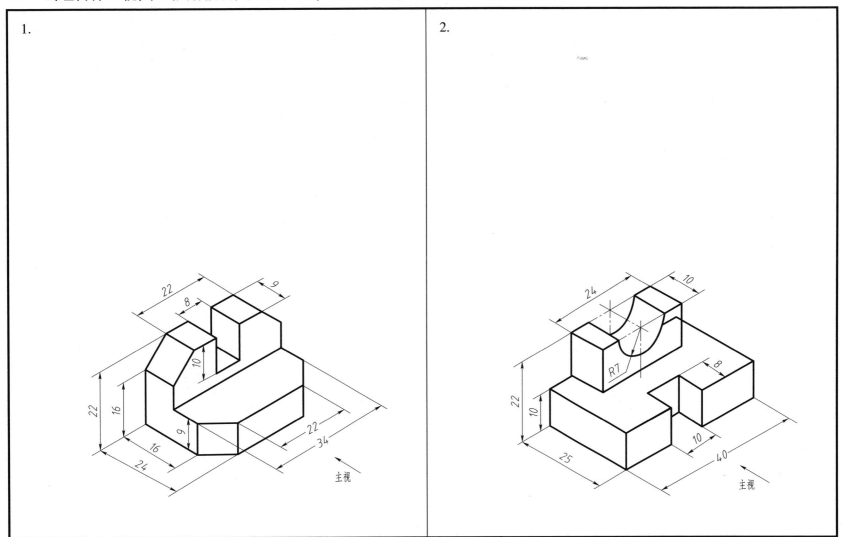

5.2 画组合体三视图（根据轴测图所注尺寸，按 1∶1 比例画组合体三视图）（二）

3.

4.

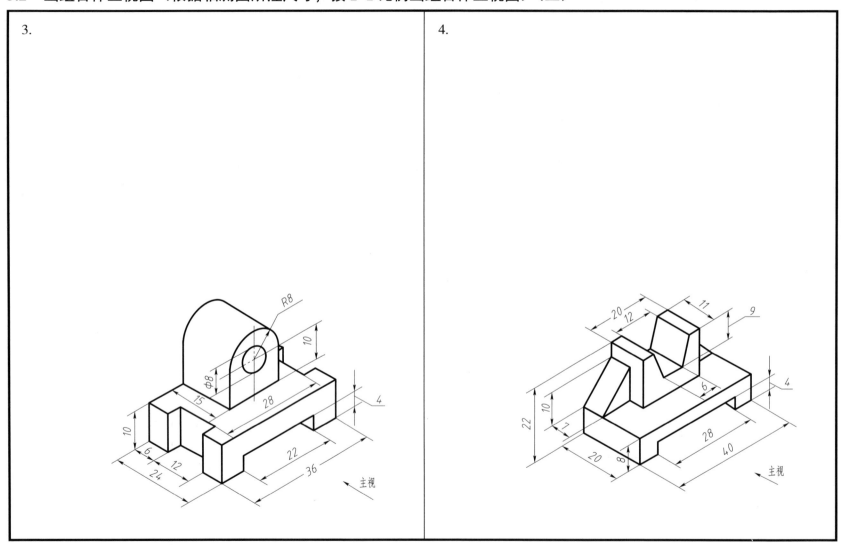

5.3 画组合体三视图（AutoCAD 练习）

1. 用 CAD 仿照手工绘图的方法，绘制其三视图

2. 用 CAD 仿照手工绘图的方法，绘制其三视图

5.4 根据组合体的两视图，补画第三视图（一）

1.

2.

3.

4.

5.5 根据组合体的两视图，补画第三视图（二）

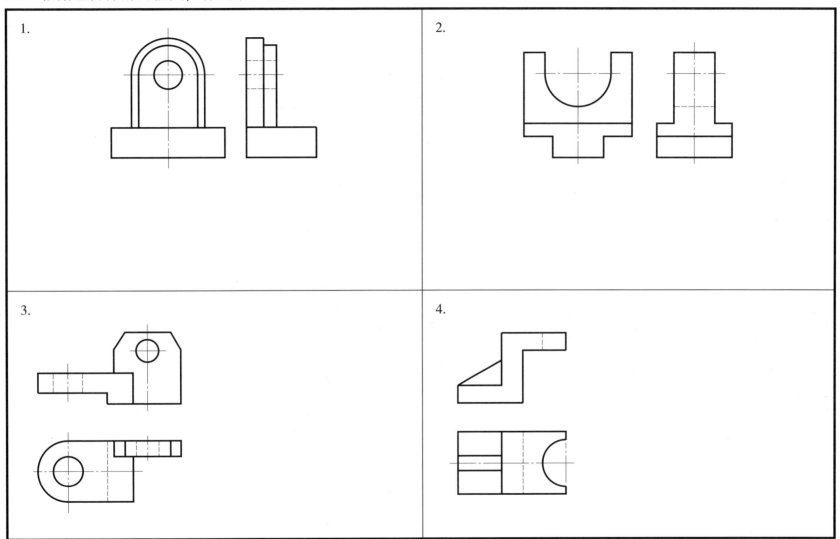

5.5 根据组合体的两视图，补画第三视图（三）

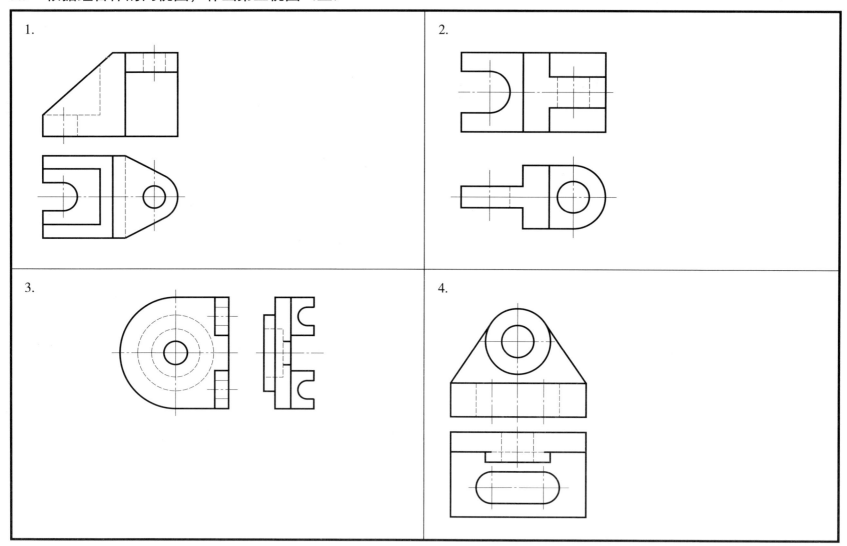

5.6 读懂视图，补齐三视图中漏缺的图线（一）

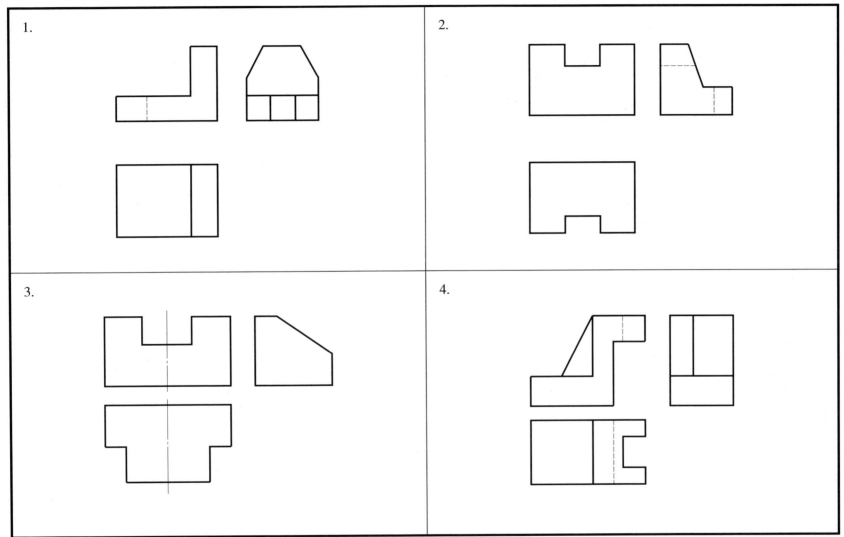

5.6 读懂视图，补齐三视图中漏缺的图线（二）

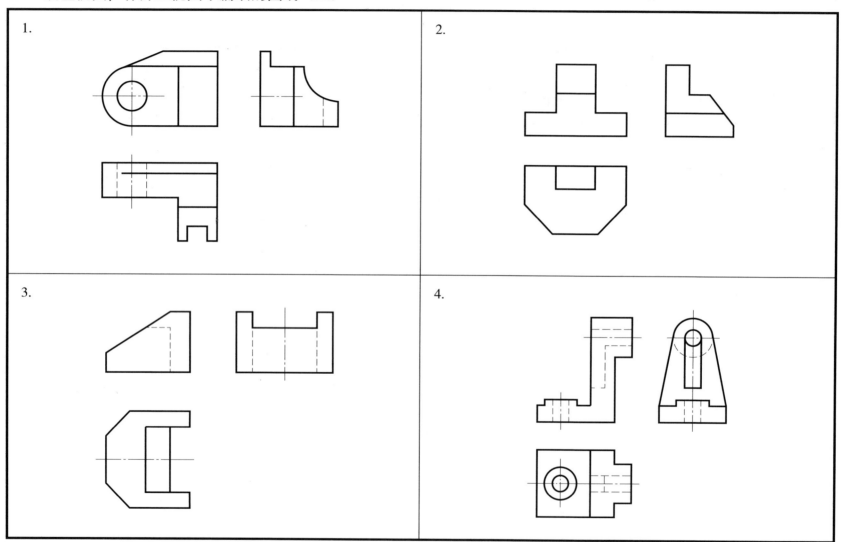

5.7 组合体视图的识读（AutoCAD 练习）

1. 根据已知两视图，仿照手工制图方法，补画第三视图	2. 根据已知两视图，仿照手工制图方法，补画第三视图
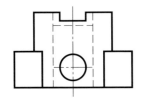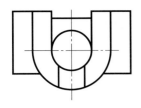	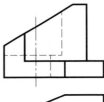
3. 根据已知两视图，仿照手工制图方法，补画第三视图	4. 根据已知两视图，仿照手工制图方法，补画第三视图
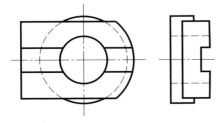	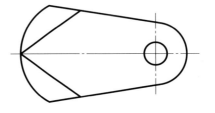

5.8 标注几何体的尺寸（尺寸从图中按 1:1 的比例量取，取整数）

1. 三棱柱	2. 正六棱柱	3. 四棱台
4. 圆球	5. 圆台	6. 圆柱

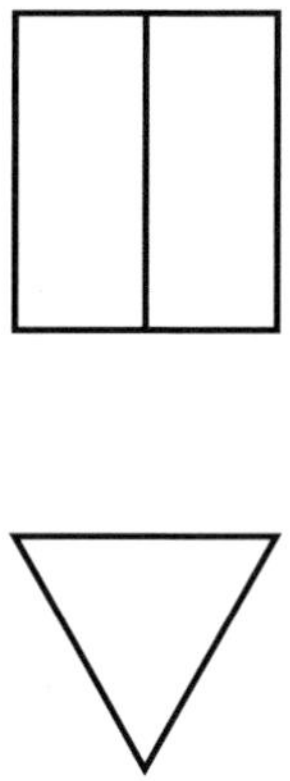

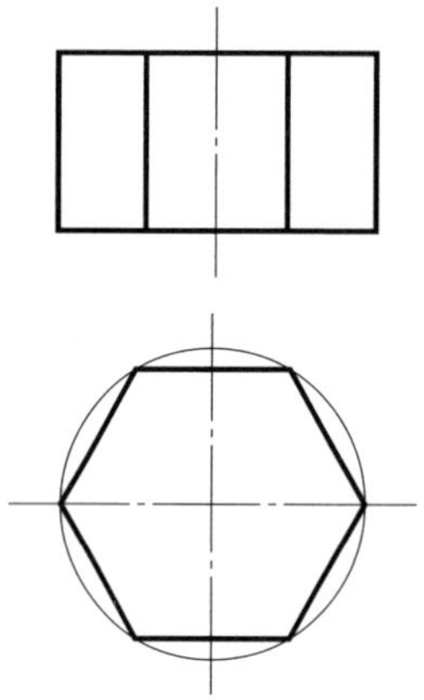

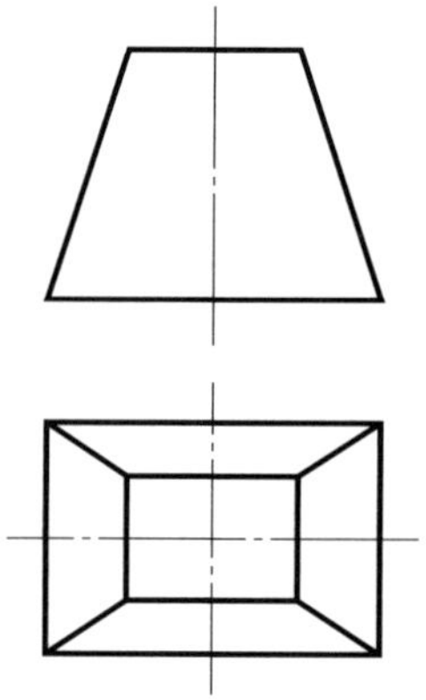

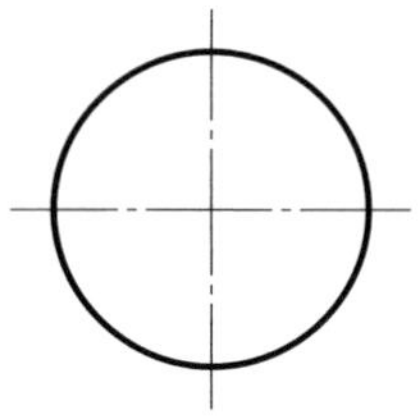

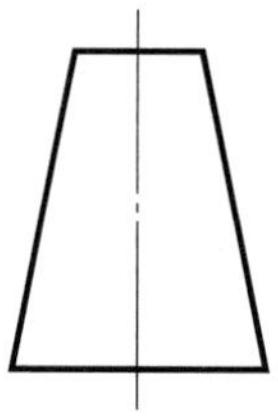

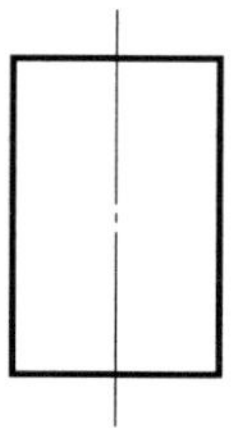

5.9 标注组合体的尺寸（尺寸从图中按 1∶1 的比例量取，取整数）（一）

1.

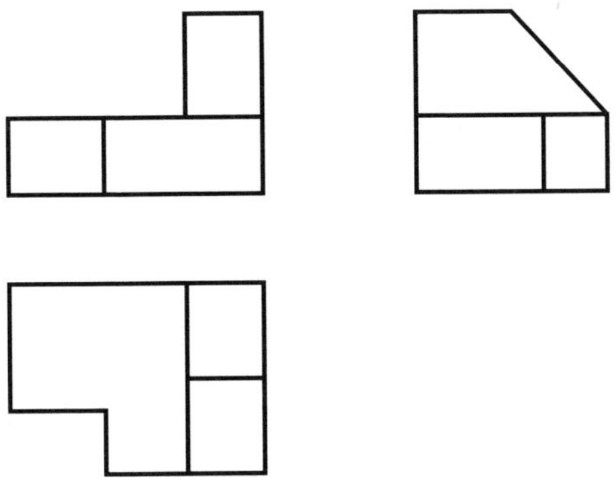

2.

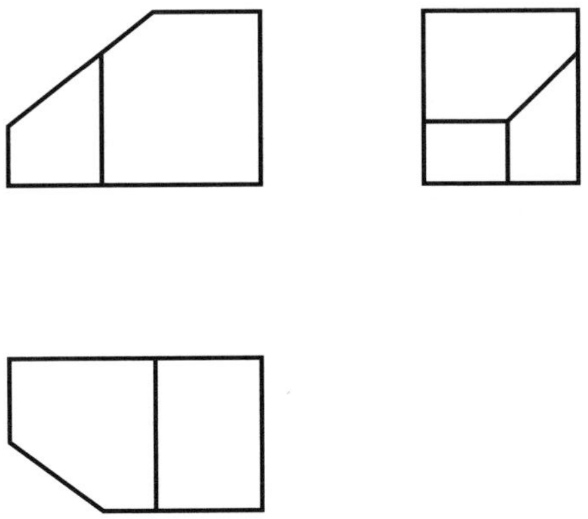

3.

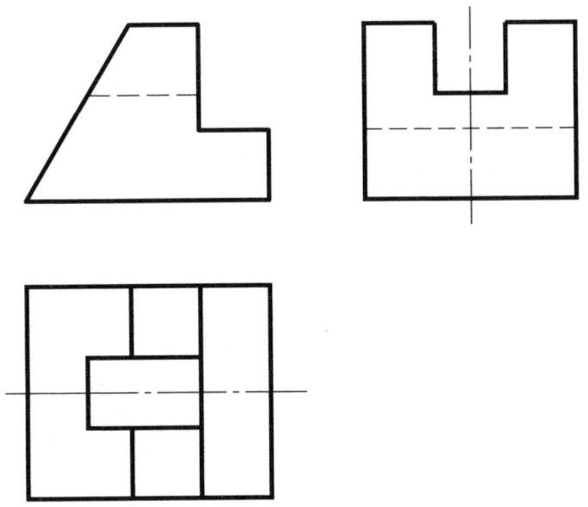

4.

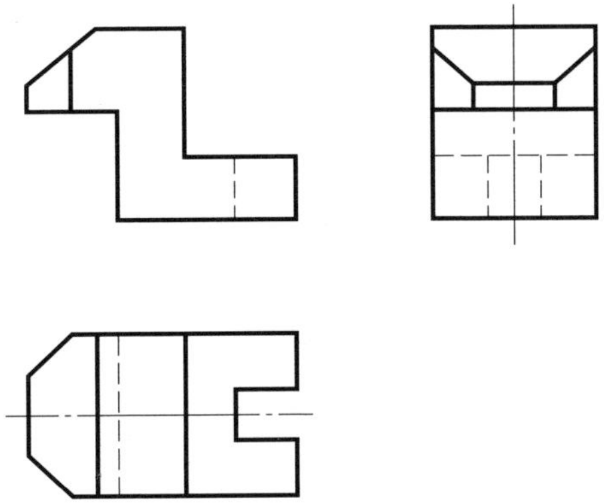

— 47 —

5.9 标注组合体的尺寸（尺寸从图中按 **1:1** 的比例量取，取整数）（二）

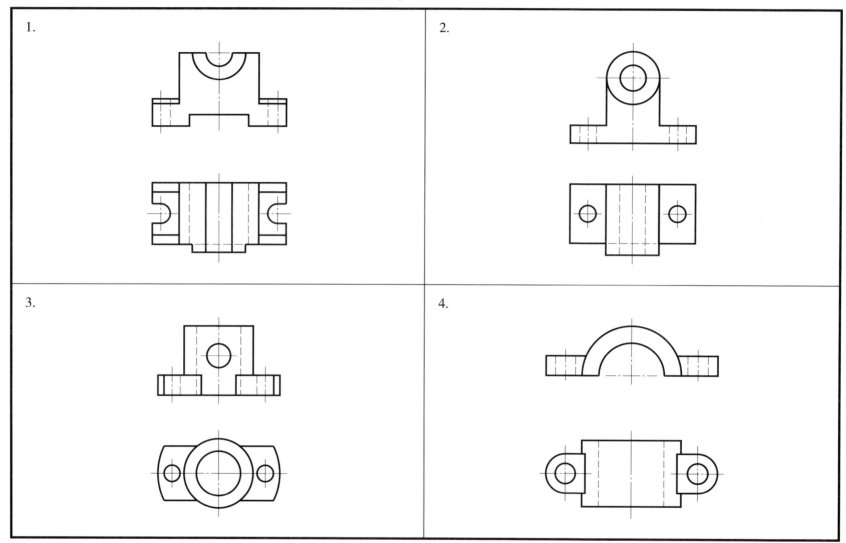

5.10 组合体的尺寸标准（AutoCAD 练习）

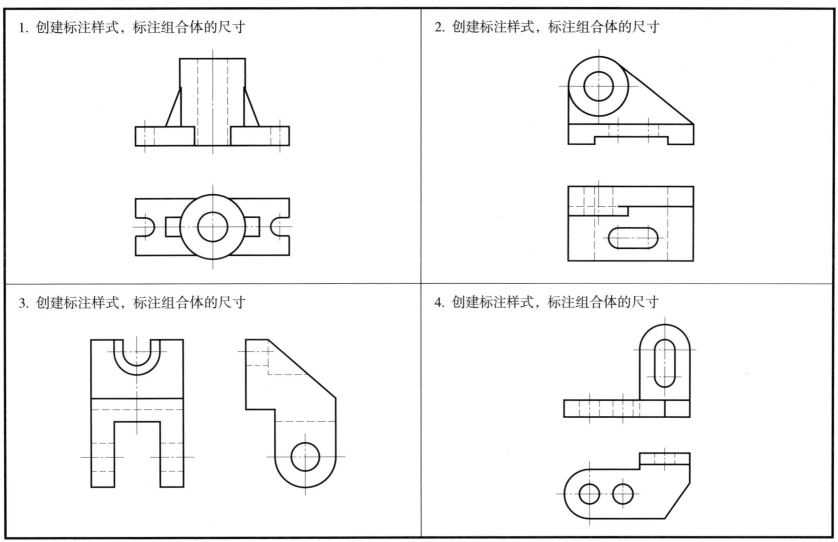

第 6 章 机件的常用表达方法

6.1 按要求完成以下练习(一)

1. 在括号内填写基本视图的名称

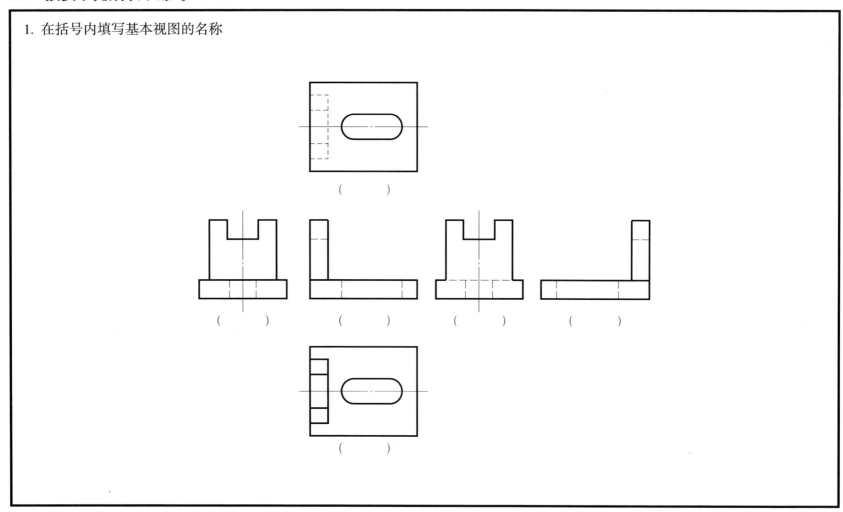

6.1 按要求完成以下练习（二）

2. 根据已给视图作出 B、C 向视图

6.2 按要求完成以下练习（一）

1. 选择正确的 A 向局部视图

(a)　　(b)　　(c)　　(d)

6.2 按要求完成以下练习（二）

2. 对照轴测图，补画 A 向斜视图与 B 向局部视图

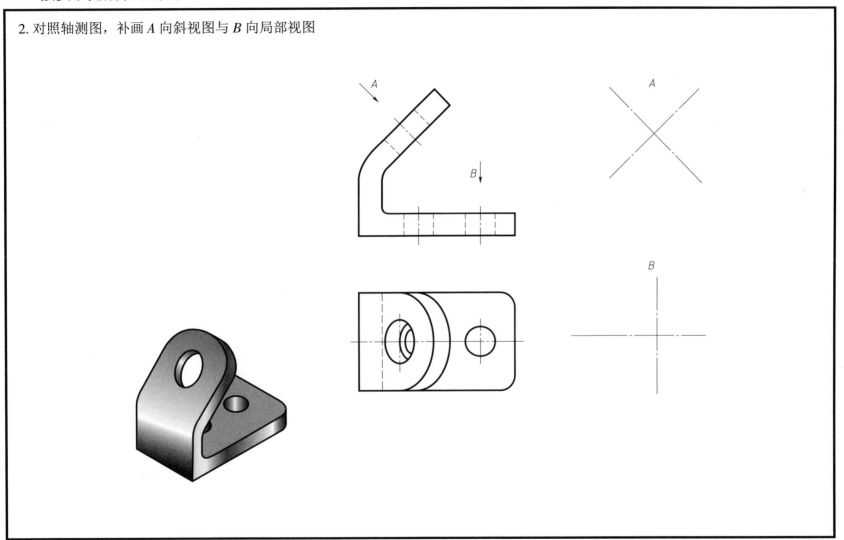

6.3　按要求完成以下练习（一）

1. 选择正确的斜视图（在正确答案的字母处画"√"）

（a）　　（b）　　（c）

6.3 按要求完成以下练习（二）

2. 在括号内填写各视图的名称

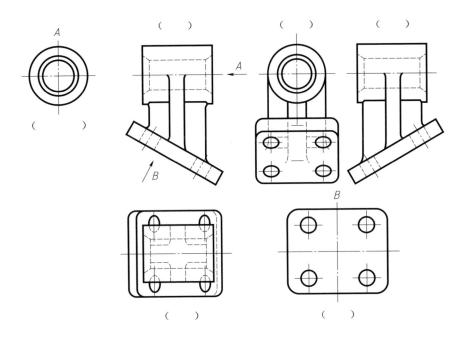

6.4 根据轴测图选择正确的全剖视图（一）

1.

2.

6.4 根据轴测图选择正确的全剖视图（二）

3.

(a)

(b)

(c)

(d)

6.5　补画全剖视图中的漏线（一）

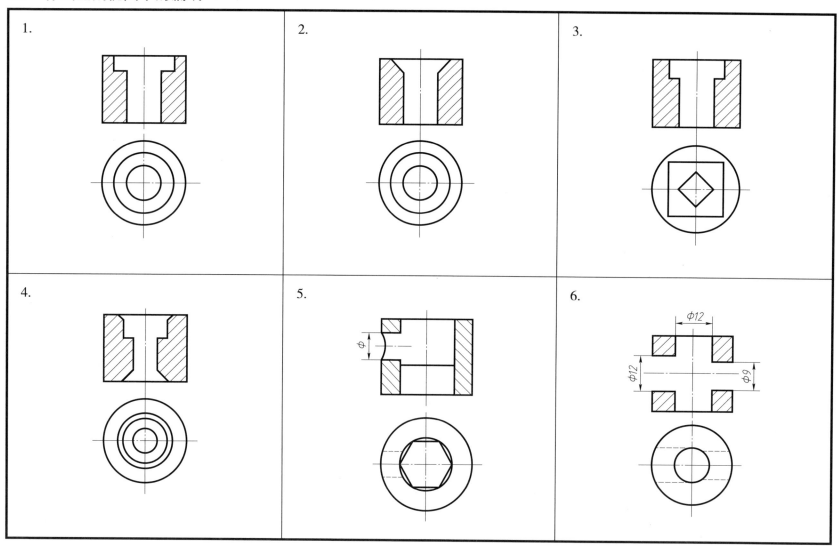

6.5　补画全剖视图中的漏线（二）

7.

8.

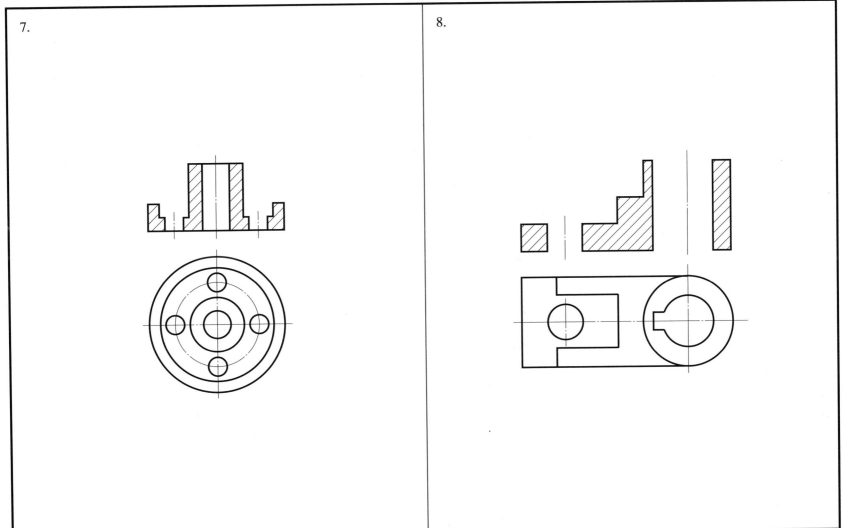

6.6 将主视图改画成全剖视图

1.

2.

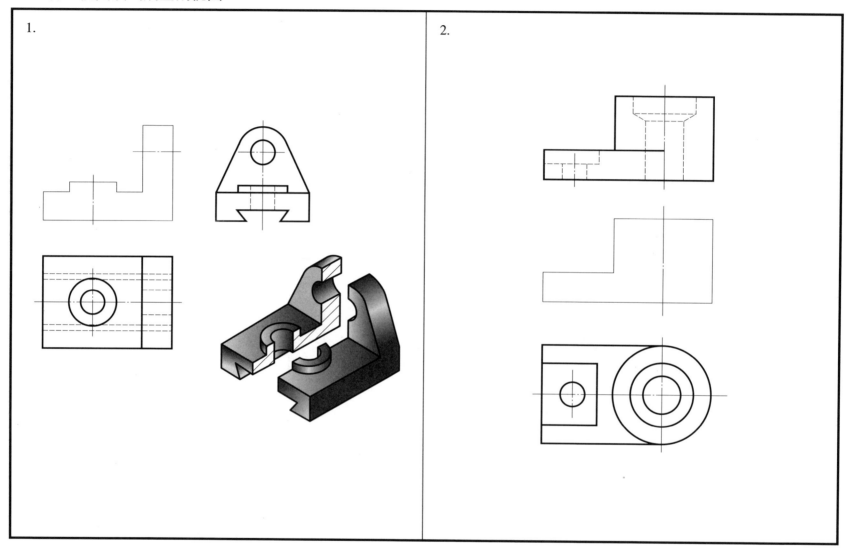

6.7 选择正确的主视图（在正确答案的字母处画"√"）

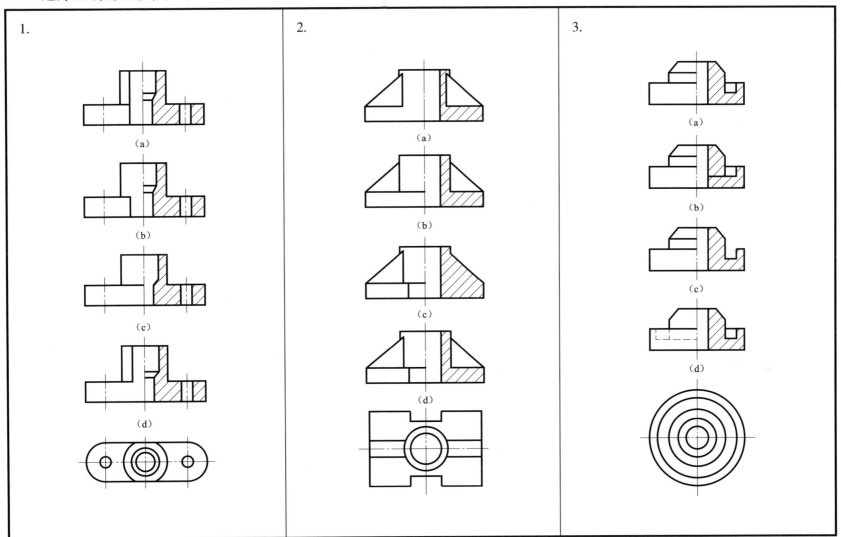

6.8 把主视图改画成半剖视图

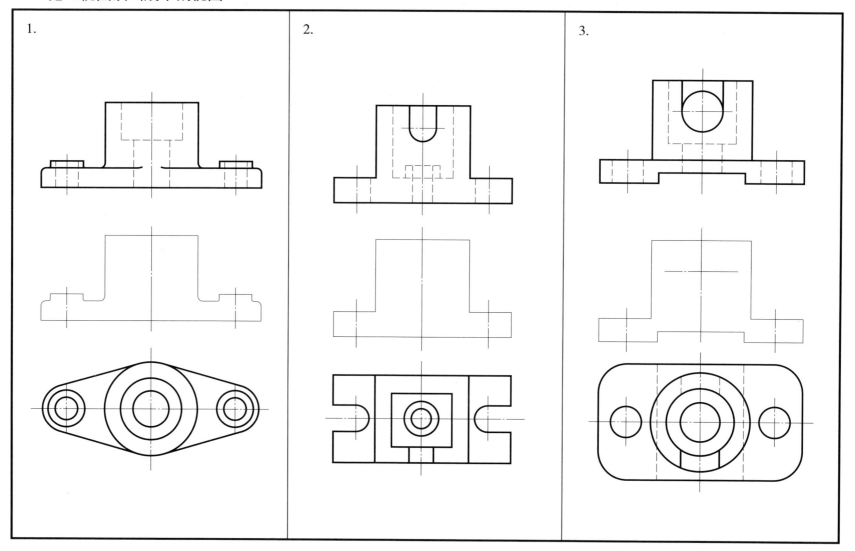

6.9 补画半剖视图中的漏线（一）

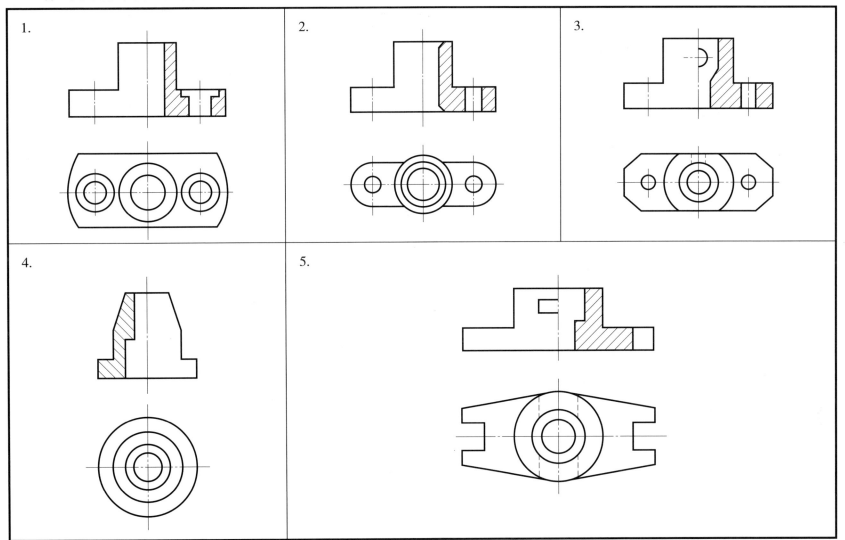

6.9 补画半剖视图中的漏线（二）

6.

7.

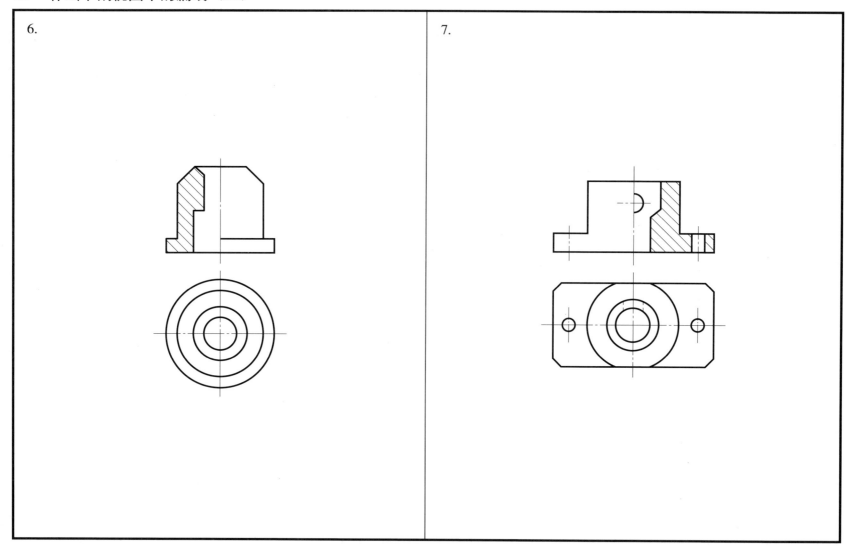

6.10 选择正确的局部剖视图

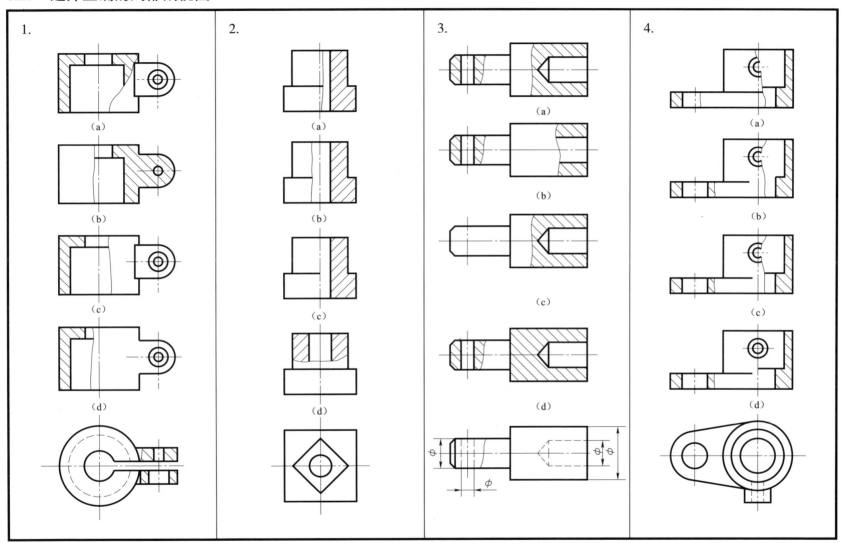

6.11 选择一组正确的主、俯视图（在正确答案的字母处画"√"）（一）

1.

2.

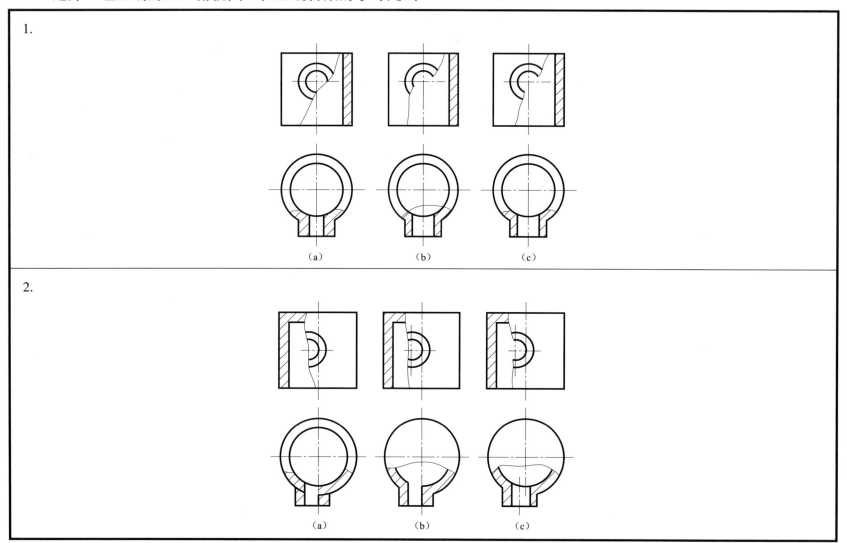

— 66 —

6.11 选择一组正确的主、俯视图（在正确答案的字母处画"√"）（二）

3.

(a)　　　(b)　　　(c)　　　(d)

6.12 根据要求完成练习（一）

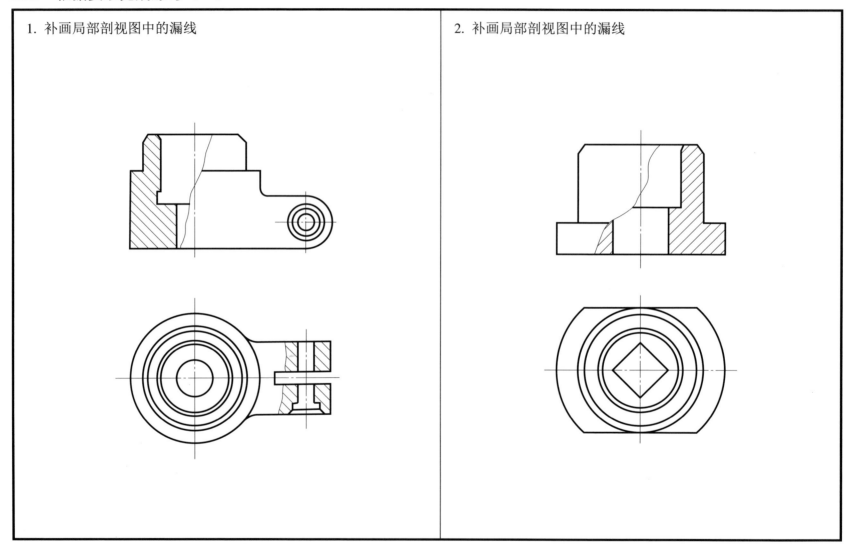

6.12 根据要求完成练习（二）

3. 根据波浪线的范围，结合左边图形，在右边图中完成主、俯视图的局部剖视图

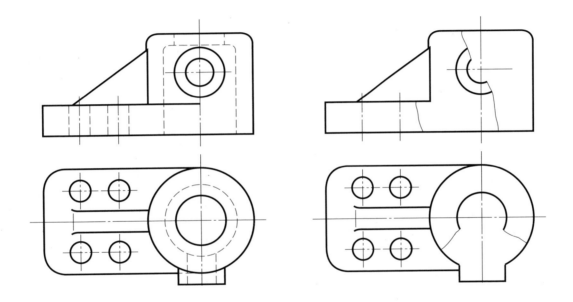

6.13 选择正确的单一剖切面剖切的全剖视图（在正确答案的字母处画"√"）

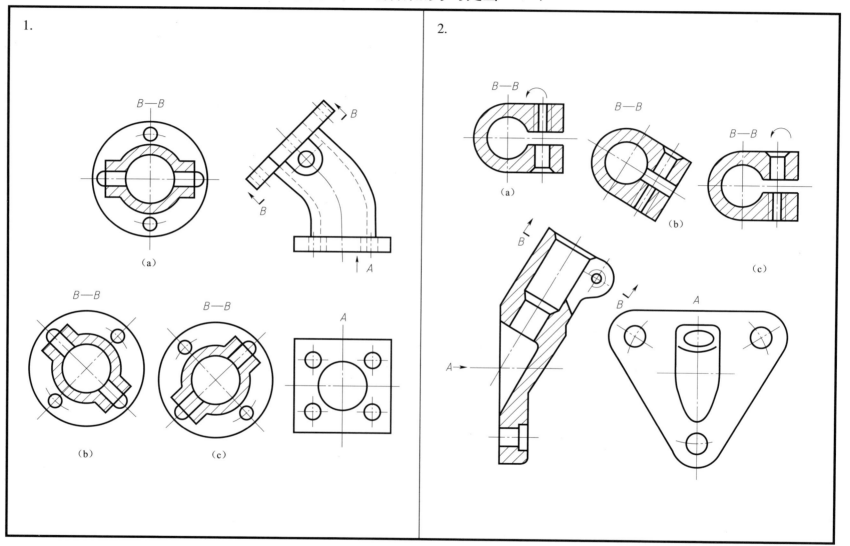

6.14 根据剖切面的位置，将主视图改画为全剖视图

1.
2.

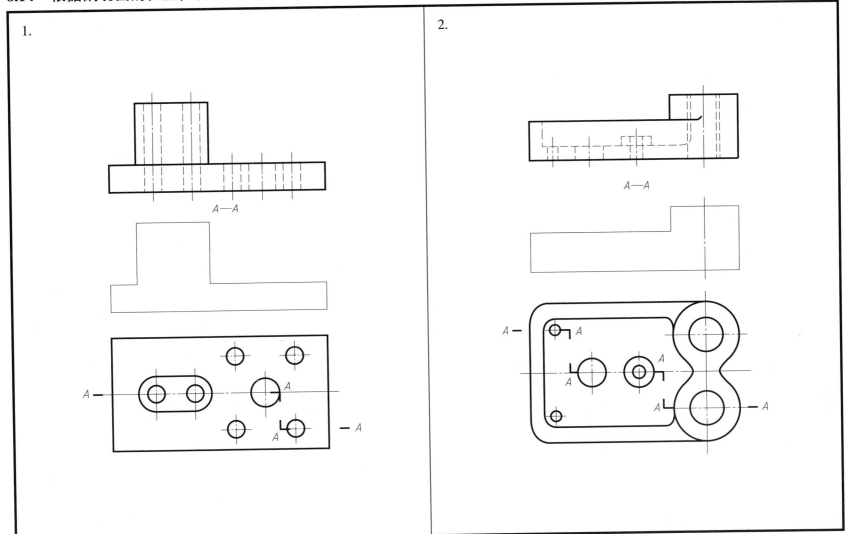

6.15 选择正确的主视图（在正确答案的字母处画"√"）

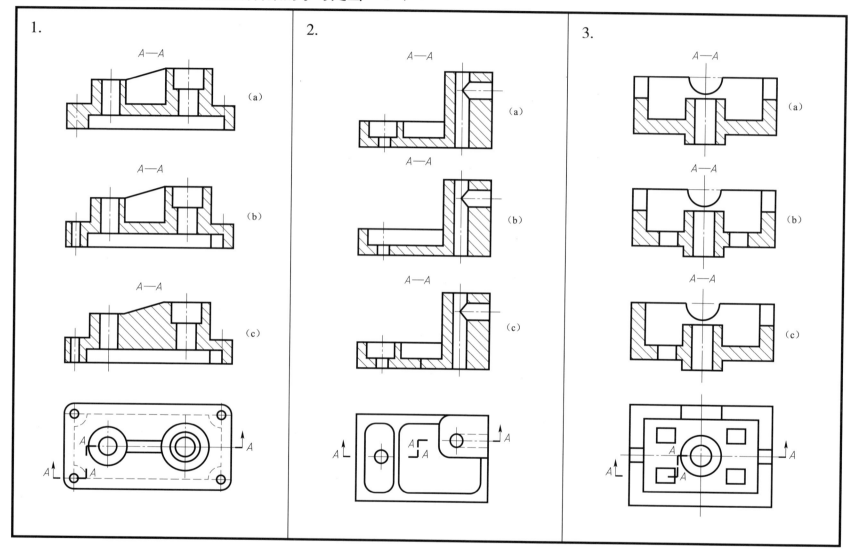

6.16 选择正确的主视图（在正确答案的字母处画"√"）

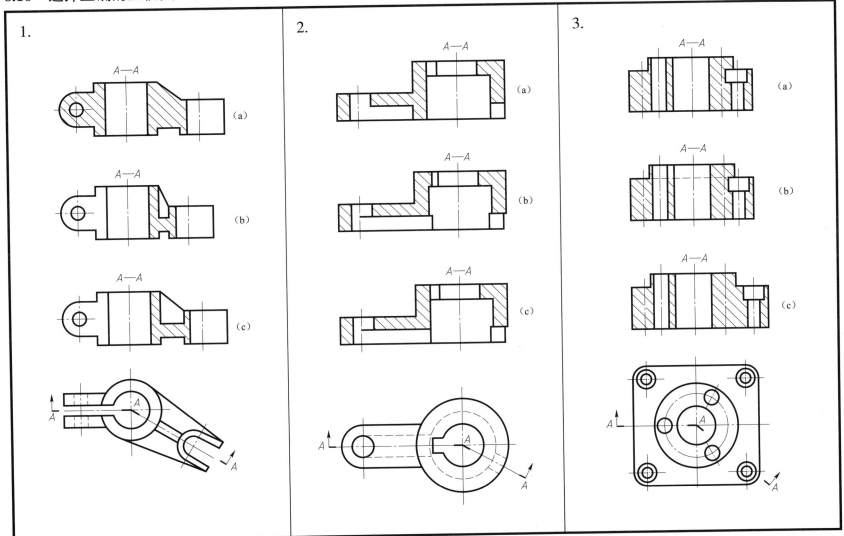

6.17 选择正确的断面图（在正确答案的字母处画"√"）

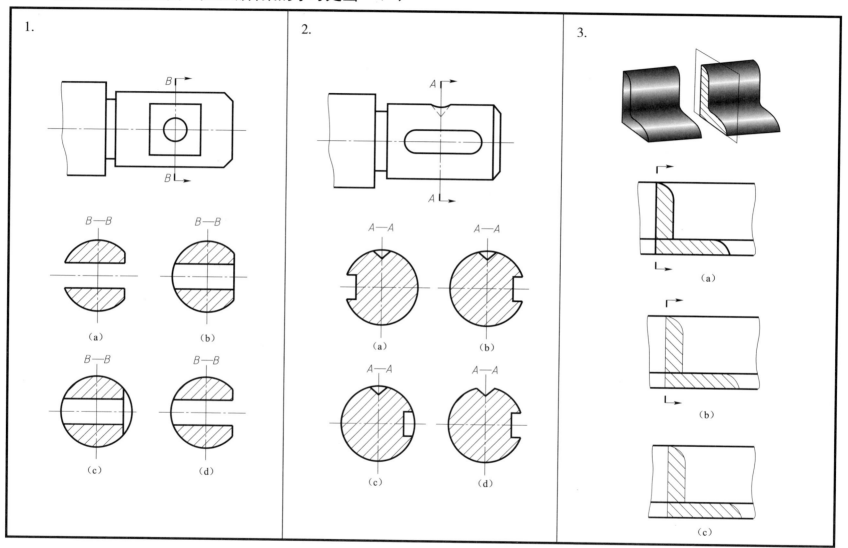

6.18 在给定的位置作移出断面图，并作必要的标注

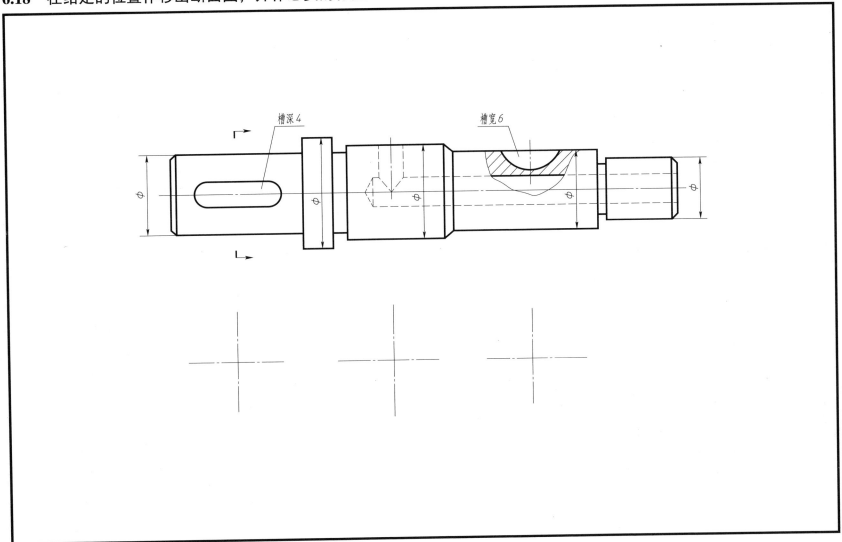

6.19 **根据要求完成图形**

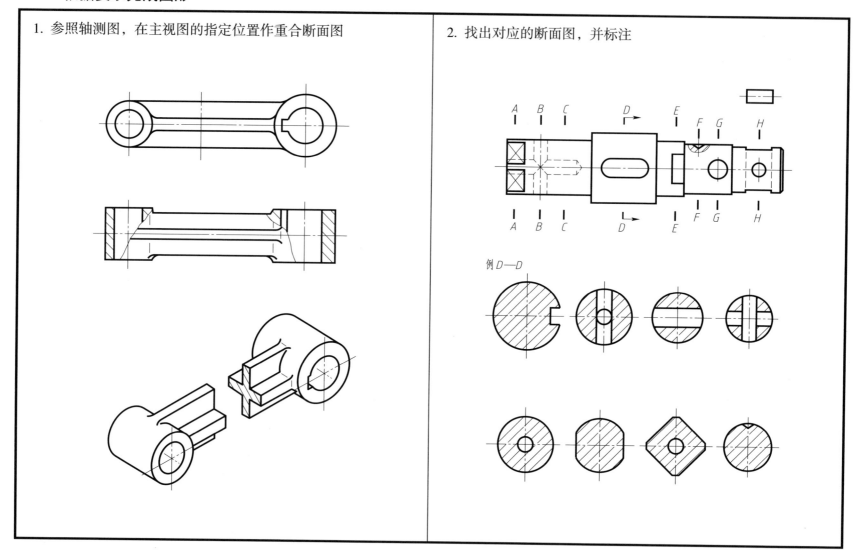

6.20 读懂各视图，做填空

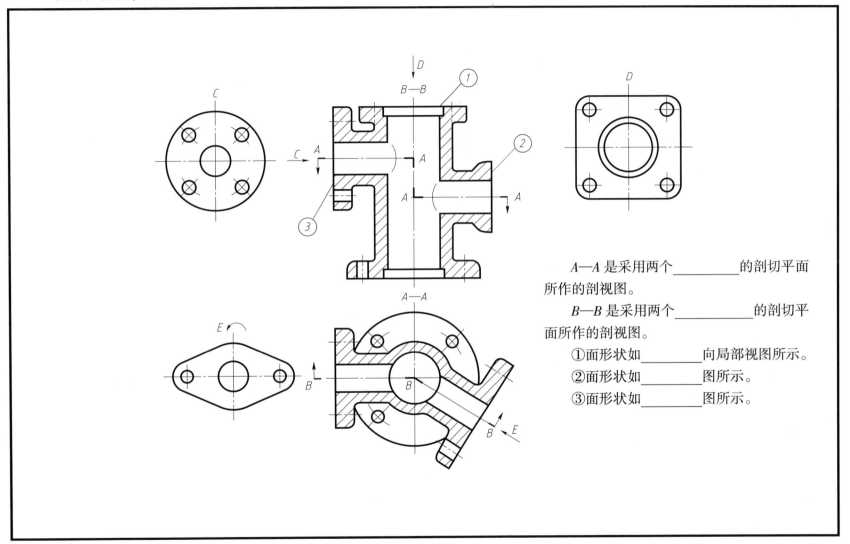

A—A 是采用两个_____的剖切平面所作的剖视图。

B—B 是采用两个_____的剖切平面所作的剖视图。

①面形状如_____向局部视图所示。

②面形状如_____图所示。

③面形状如_____图所示。

6.21 读懂各视图，做填空

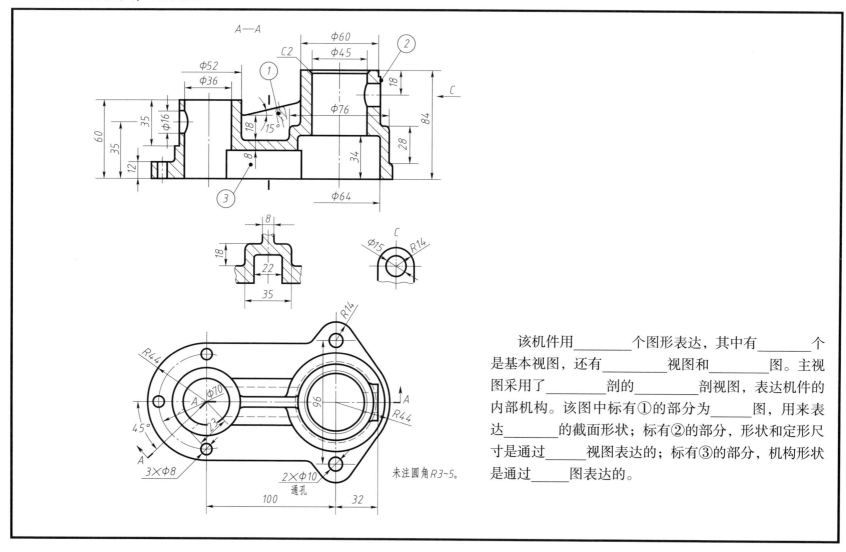

未注圆角R3~5。

该机件用_____个图形表达，其中有_____个是基本视图，还有_____视图和_____图。主视图采用了_____剖的_____剖视图，表达机件的内部机构。该图中标有①的部分为_____图，用来表达_____的截面形状；标有②的部分，形状和定形尺寸是通过_____视图表达的；标有③的部分，机构形状是通过_____图表达的。

第7章 常用件与标准件

7.1 分析螺纹画法中的错误,并在下方位置作出正确画法

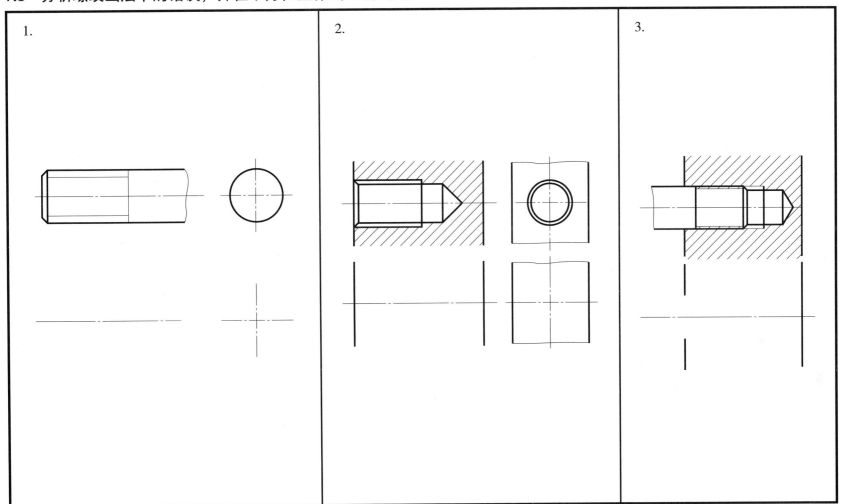

7.2 填写下表并完成螺纹标注

螺纹标记	螺纹种类	内、外螺纹	公称直径	导程	螺距	线数	公差带代号	旋合长度	旋向
M20–7H	普通螺纹	内螺纹	20	2.5	2.5	1	7H	中	右
M16×1–5g6g–L–LH	普通螺纹	外螺纹	16	1	1	1	5g6g	长	左
Tr24×5–LH	梯形螺纹	外螺纹	24	5	5	1	—	中	左
Tr40×14（P7）–7e	梯形螺纹	外螺纹	40	14	7	2	7e	中	右
G3/4	非螺纹密封管螺纹	内螺纹	3/4 in		1.814	1	—	—	右
G1/2A–LH	非螺纹密封管螺纹	外螺纹	1/2 in		1.814	1	A	—	左

3. 对下图螺纹进行标注，普通螺纹 d=20，P=2.5，右旋，双线

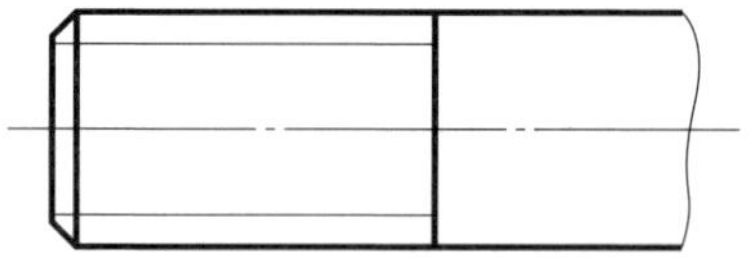

4. 对下图螺纹进行标注，非螺纹密封管螺纹，公称尺寸为 3/4 in

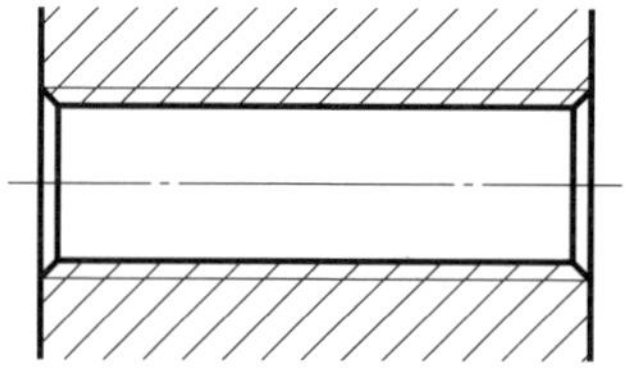

5. 对下图螺纹进行标注，梯形螺纹，大径为 24 mm，导程为 6 mm，左旋，公差带代号为 7e，中等旋合长度

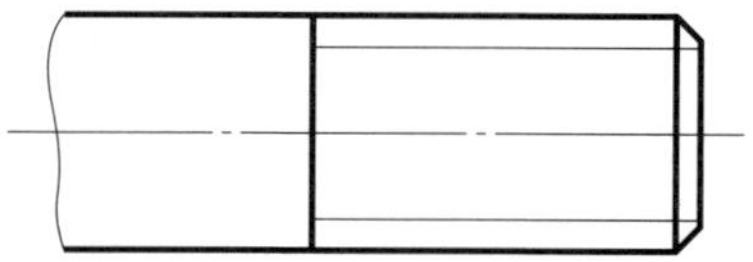

7.3 用简化画法补全下列螺栓、双头螺柱、螺钉连接图中的图线

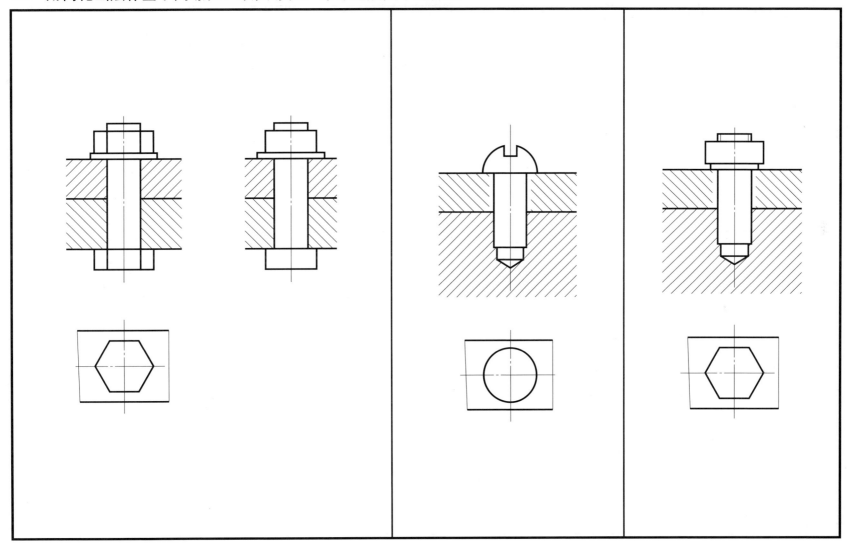

7.4 **完成下列齿轮视图**

1. 已知直齿圆柱齿轮模数 $m=3$，齿数 $z=25$，计算该齿轮轮齿部分尺寸，完成主、左视图，并补齐所缺尺寸

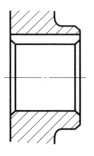
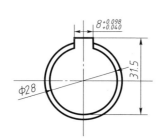

2. 已知直齿圆柱齿轮模数 $m=5$，大齿轮齿数 $z_1=25$，齿轮中心距 $a=140$，计算大小齿轮轮齿部分尺寸，完成主、左视图（比例1:2）

小齿轮：分度圆直径 d_1=　　　　大齿轮：分度圆直径 d_1=
　　　　齿顶圆直径 d_{a1}=　　　　　　　齿顶圆直径 d_{a2}=
　　　　齿根圆直径 d_{f1}=　　　　　　　齿根圆直径 d_{f2}=

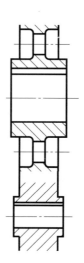
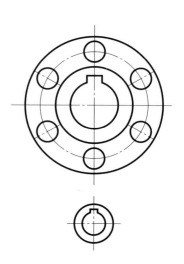

7.5 完成下列键、销连接

1. 补画下列平键连接，并标注相关尺寸

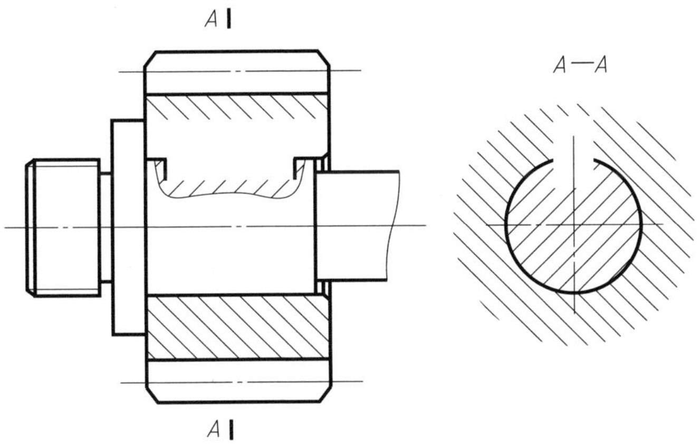

2. 补画下列圆柱销连接图线

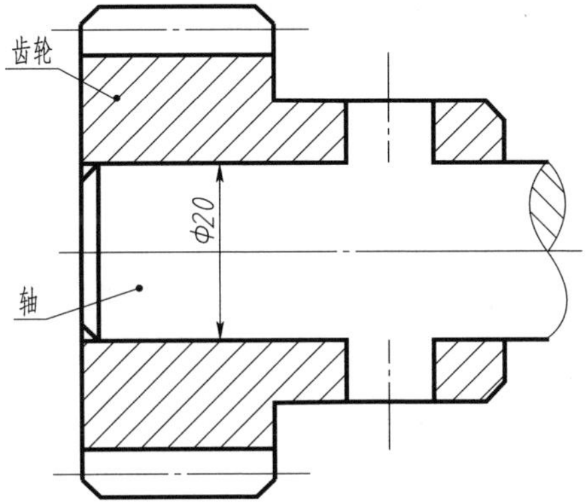

7.6 用规定画法画出下列轴承（轴承左端紧靠轴肩 A）

1. 6206 深沟球轴承

2. 30206 圆锥滚子轴承

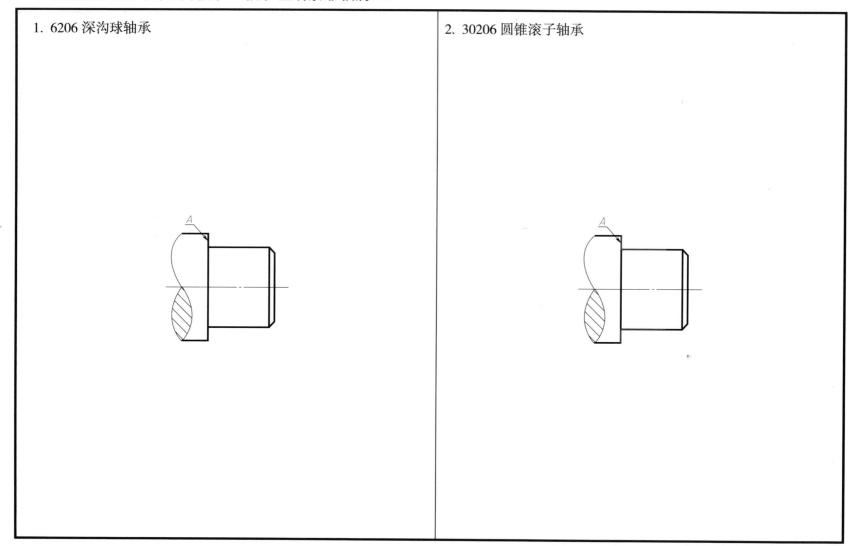

7.7 按要求画出下列弹簧全剖视图

已知圆柱螺旋压缩弹簧直径为 5 mm，弹簧外径为 40 mm，节距为 10 mm，自由高度为 70 mm，支承圆为 2.5 圈，右旋，1∶1 的比例画弹簧全剖视图，并标注尺寸

第8章 零件图

8.1 补全零件图上指定结构的尺寸（尺寸数值按1:1量取后圆整为整数）

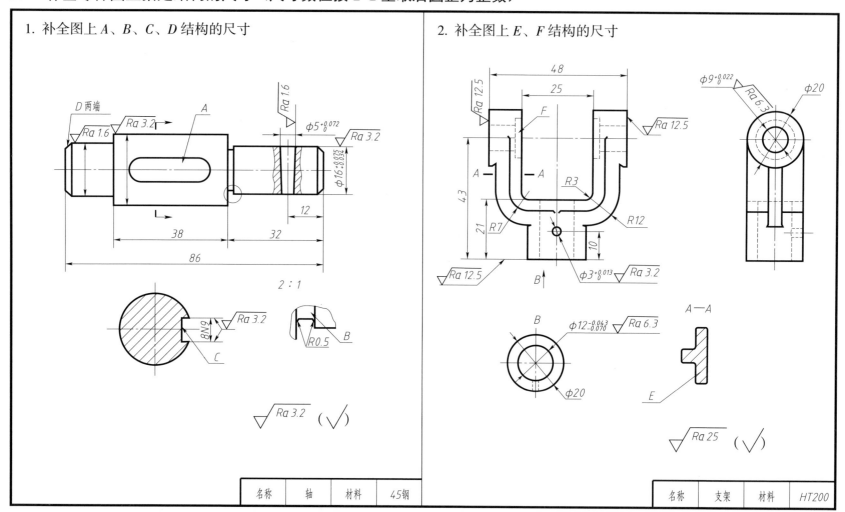

8.2 改正表面结构标注中的错误,将正确的结果标注在(b)中

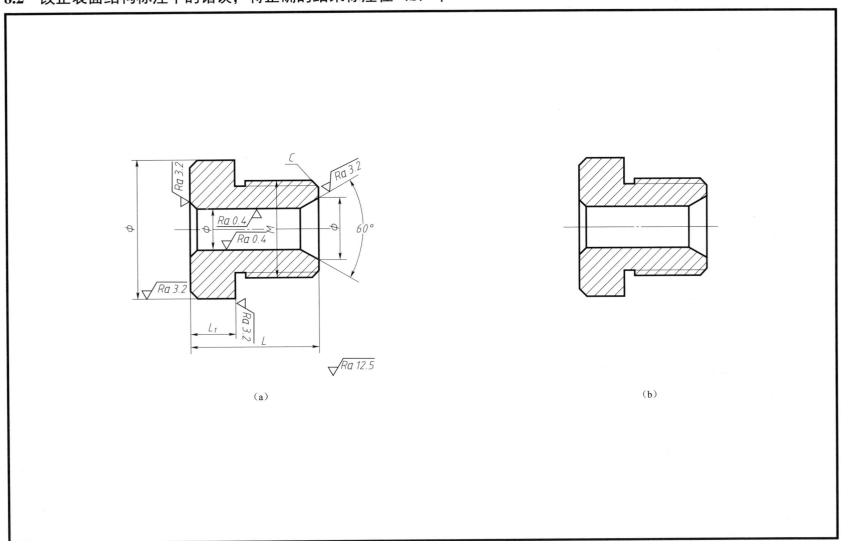

(a)　　　　　　　　　　　　　　(b)

8.3 根据装配图上的尺寸标注，分别在各零件图上注出相应的公称尺寸和极限偏差

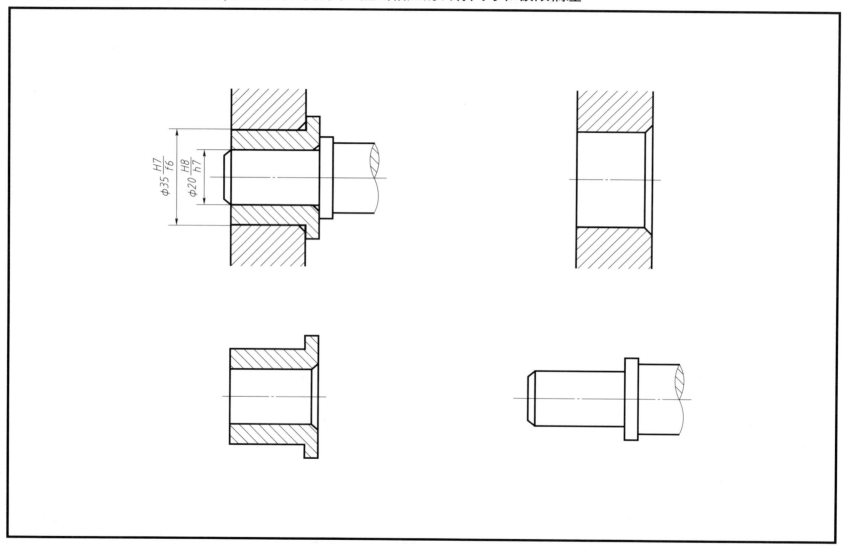

8.4 按要求标注尺寸

已知轴与孔的公称尺寸为 $\phi 35$,采用基轴制,轴的公差等级为 IT6,孔的公差等级为 IT7,偏差代号为 N,要求在零件图上注出公称尺寸和极限偏差,在装配图上注出公称尺寸和配合代号

8.5　形位公差

说明图中所注公差框格的含义

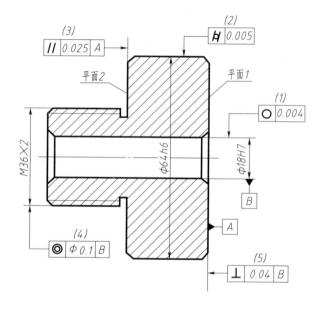

1. 框格（1）的含义：
被测要素是_____，公差项目是_____，
公差值是_____。

2. 框格（2）的含义：
被测要素是_____，公差项目是_____，
公差值是_____。

3. 框格（3）的含义：
被测要素是_____，基准要素是_____，
公差项目是_____，公差值是_____。

4. 框格（4）的含义：
被测要素是_____，基准要素是_____，
公差项目是_____，公差值是_____。

5. 框格（5）的含义：
被测要素是_____，基准要素是_____，
公差项目是_____，公差值是_____。

8.6 选取适当的比例和表达方法，画出管接头的零件图（参照同类零件编注技术要求），尺寸 **1:1** 从视图中量取（一）

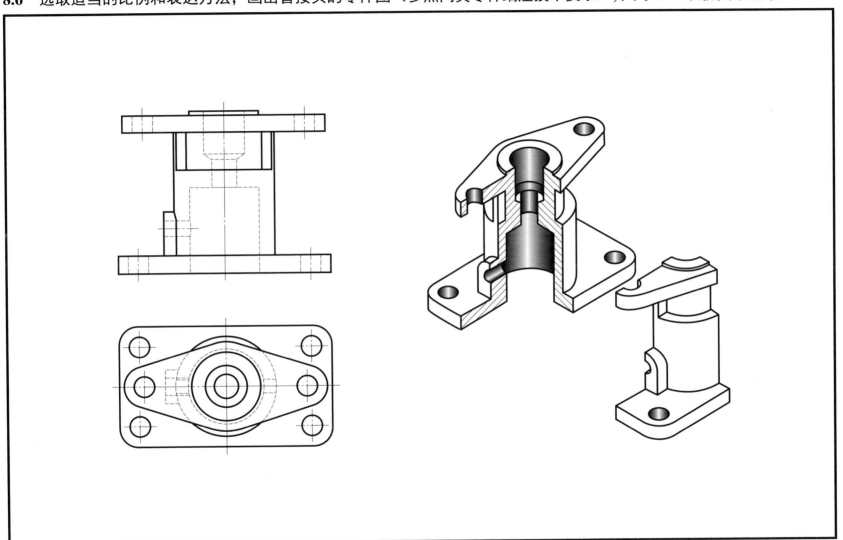

8.6 选取适当的比例和表达方法，画出管接头的零件图（参照同类零件编注技术要求），尺寸1:1从视图中量取（二）

8.7 读轴零件图，并回答问题（一）

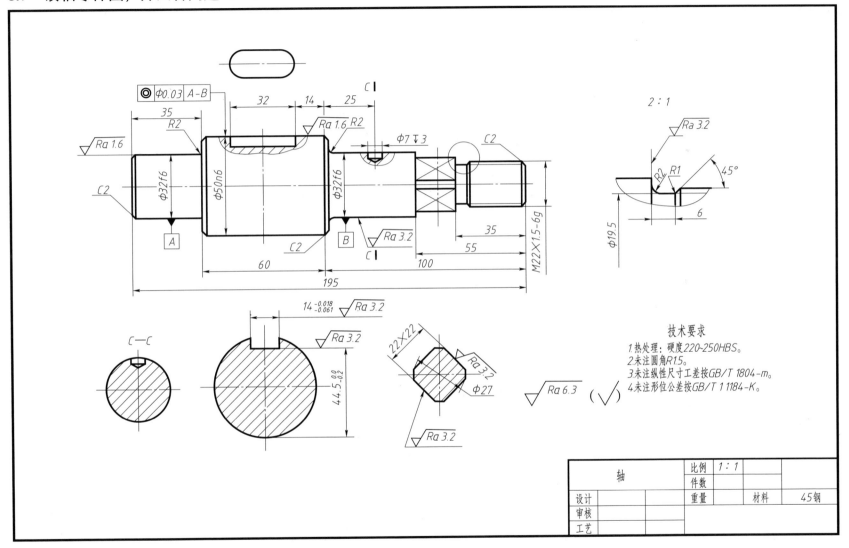

8.7 读轴零件图，并回答问题（二）

（1）该零件的名称是_____，材料是_____，比例是_____。

（2）该零件共用了_____个图形表示，其中主视图中两处采用了_____的表示方法，下方的三个视图称为_____图，上方标有"2∶1"的图称为_____图，主视图上方的图称为_____图。

（3）该零件图的右端部画有两条相交的细实线，表示_____画法。

（4）右图上标"2∶1"的比例是指_____与_____相应要素的线性尺寸之比。

（5）图中键槽的定形尺寸为_____、_____、_____；定位尺寸为_____。

（6）该零件的轴向尺寸基准为_____，径向尺寸基准为_____。

（7）螺纹标记 M22×1.5.6g 中，M 是_____代号，表示_____螺纹；22 是指_____；1.5 是指_____；6g 是指_____。

（8）表面结构要求最严处的代号为_____。该轴左端面的表面结构代号为_____。

（9）图中标注的 $14_{-0.061}^{-0.018}$ 尺寸，14 表示_____，-0.018 是_____，-0.061 是_____，公差为_____。

（10）图中框格 ◎ φ0.03 A-B 的标注表示_____对_____的_____度公差为 φ0.03。

（11）该轴需进行_____热处理。

8.8 读釜盖零件图，并回答问题（一）

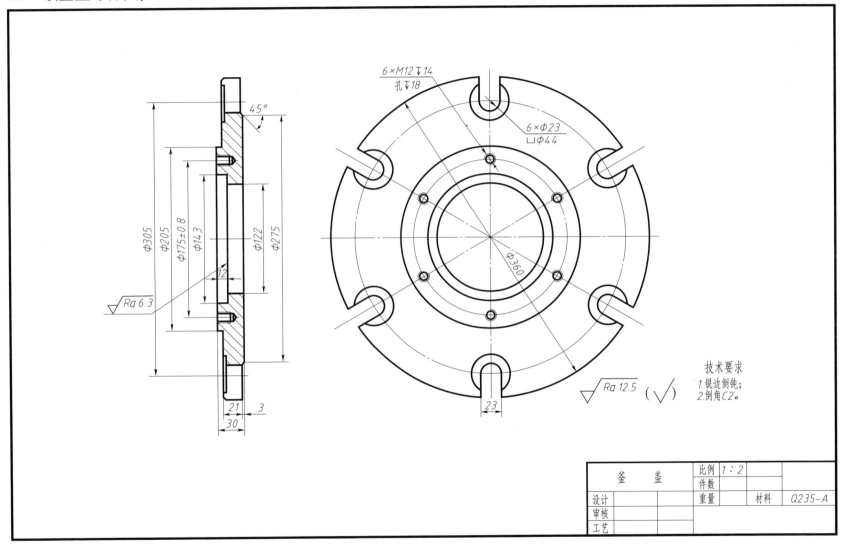

8.8 读釜盖零件图，并回答问题（二）

1. 该零件的名称是_____，主视图采用_____剖视。
2. 用"△"标出此零件长、宽、高三个方向的尺寸基准。
3. 用铅笔圈出此零件图上的定位尺寸。
4. 釜盖上有_____个 M12 的螺孔，深是_____，是_____分布的。
5. 釜盖上有___个_____形状的槽（可用图形说明），槽宽是_____，槽上方有直径为_____的沉孔。
6. 该零件表面质量要求最高的表面结构代号是_____。
7. 标题栏中 Q235-A 表示_____。

8.9 读连杆零件图，并回答问题（一）

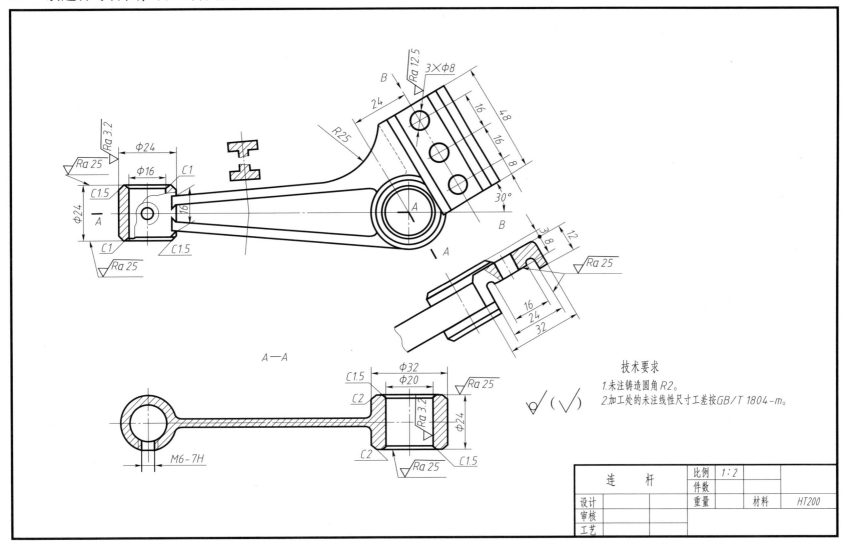

8.9 读连杆零件图，并回答问题（二）

1. 零件用_____个图形表达其结构。主视图左部采用了_____表达；标有 A-A 的图是采用_____的剖切平面画出的_____图，B 向视图为_____图；配置在主视图上方的图应称为_____图，那条与主视图相连的细实线是_____线。

2. 根据零件名称及结构形状，此零件属于_____类零件。

3. 螺纹标记 M6-7H 中，M 是_____代号，表示_____螺纹，按螺距稀密程度，该螺纹属于_____牙，旋向为_____旋，_____和_____的公差带代号为 7H，属_____旋合长度。

4. 图中标出的代号 ϕ16H6 中，ϕ16 表示_____，H 是_____代号，6 是指_____。

5. 表面结构要求最严的表面标有代号_____，代号中的给定数值是指_____的_____值。

6. 加工处的未注线性尺寸公差按_____。

8.10 读底座零件图，并回答问题（一）

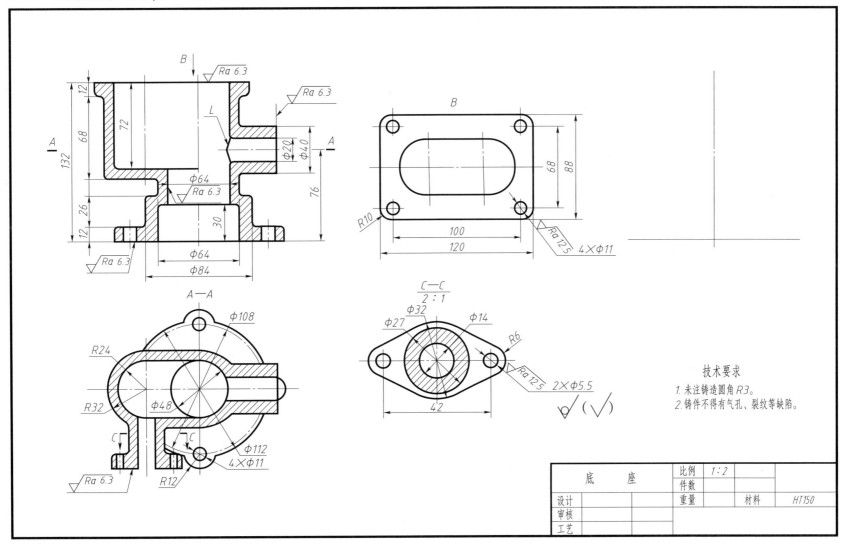

8.10 读底座零件图，并回答问题（二）

1. 此零件是_____，现有的 4 个图形分别是_____。
2. 主视图符合_____位置，采用_____剖视，图中箭头所指 L 线称为____线。
3. 用"△"指出长、宽、高三个方向的主要尺寸基准。
4. 补全图中所缺的尺寸。
5. 画出左视图的外形。

第 9 章 装配图

9.1 读转子泵装配图，回答下面关于其表达方法方面的问题

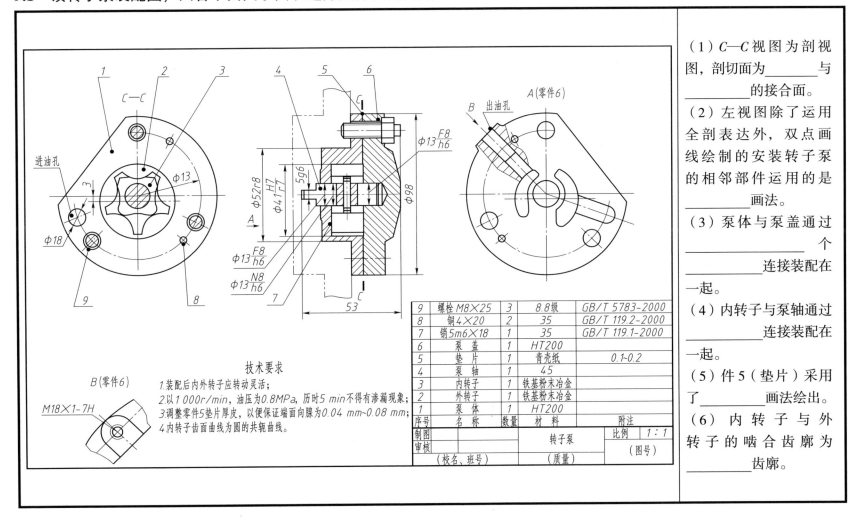

（1）C—C视图为剖视图，剖切面为_____与_____的接合面。

（2）左视图除了运用全剖表达外，双点画线绘制的安装转子泵的相邻部件运用的是_____画法。

（3）泵体与泵盖通过_____个_____连接装配在一起。

（4）内转子与泵轴通过_____连接装配在一起。

（5）件5（垫片）采用了_____画法绘出。

（6）内转子与外转子的啮合齿廓为_____齿廓。

9.2 读球阀装配图，回答下面关于尺寸标注方面的问题

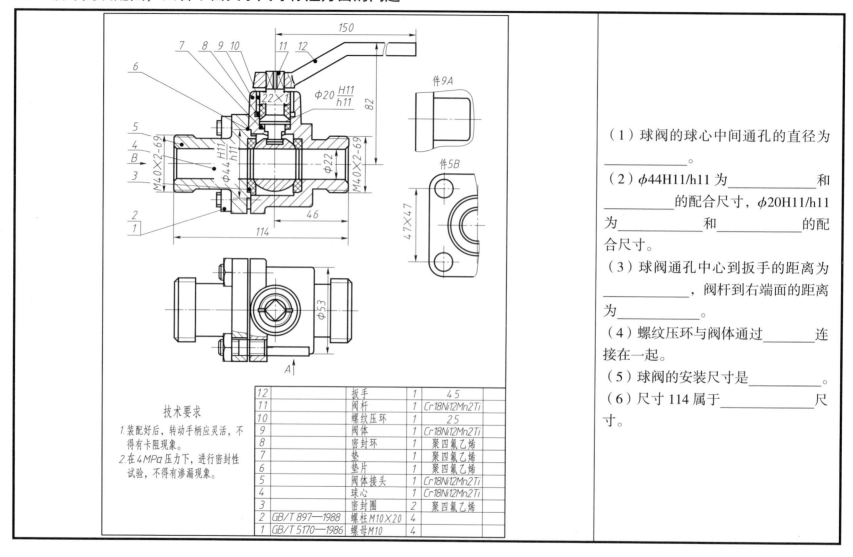

（1）球阀的球心中间通孔的直径为_____。
（2）φ44H11/h11 为_____和_____的配合尺寸，φ20H11/h11 为_____和_____的配合尺寸。
（3）球阀通孔中心到扳手的距离为_____，阀杆到右端面的距离为_____。
（4）螺纹压环与阀体通过_____连接在一起。
（5）球阀的安装尺寸是_____。
（6）尺寸114属于_____尺寸。

9.3 读装配图，回答下列问题（一）

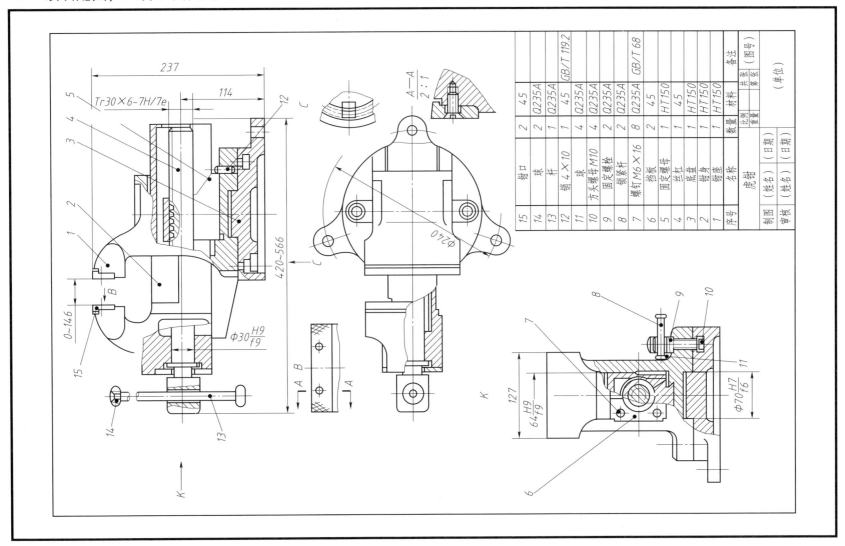

9.3 读装配图，回答下列问题（二）

（1）该虎钳共由_____种零件组成，其中标准件有_____个。

（2）该装配体共用_____个图形表达。其中用了_____个基本视图、_____个向视图和_____个局部视图；根据视图分析，钳身可以回转_____，以适应加工需要。

（3）图中标注的尺寸 ϕ30H9/f9 属于_____尺寸。

（4）图中 ϕ30H9/f9 表示件_____与件_____的配合为_____制_____的配合。

（5）件 15 与件 1 是靠件_____连接的。

（6）该装配体在夹紧工件时，转动件_____带动件 4 转动，由于件 4 与件_____是内外螺纹的配合，带有内螺纹的件 5 固定不动，因此件 4 必将在转动的同时产生左右移动，而带动件_____实现夹紧作用。

9.4 读装配图，回答下列问题

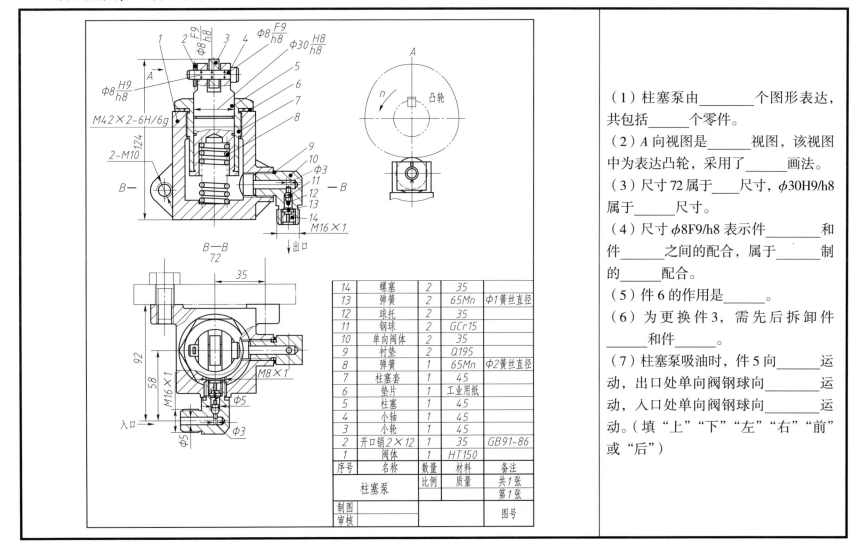

（1）柱塞泵由_____个图形表达，共包括_____个零件。
（2）A向视图是_____视图，该视图中为表达凸轮，采用了_____画法。
（3）尺寸72属于_____尺寸，$\phi 30H9/h8$属于_____尺寸。
（4）尺寸$\phi 8F9/h8$表示件_____和件_____之间的配合，属于_____制的_____配合。
（5）件6的作用是_____。
（6）为更换件3，需先后拆卸件_____和件_____。
（7）柱塞泵吸油时，件5向_____运动，出口处单向阀钢球向_____运动，入口处单向阀钢球向_____运动。（填"上""下""左""右""前"或"后"）

9.5 读装配图，回答下列问题

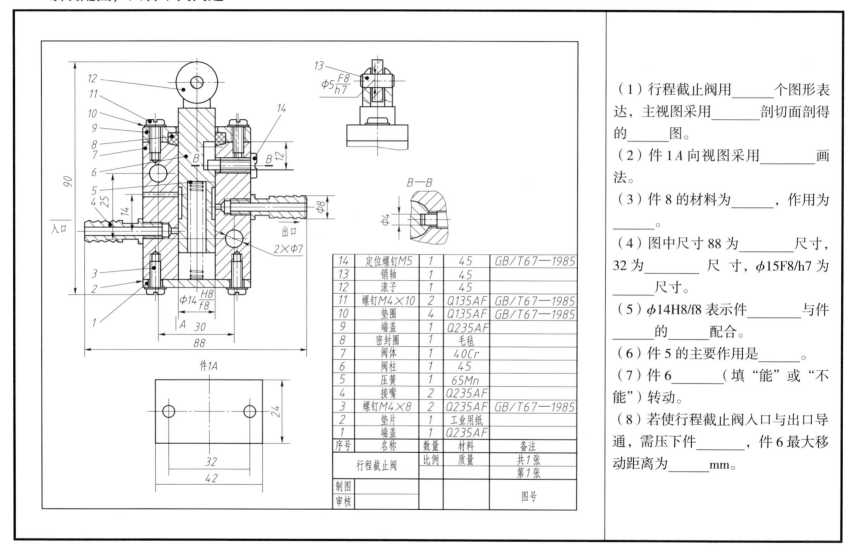

（1）行程截止阀用_____个图形表达，主视图采用_____剖切面剖得的_____图。

（2）件1A向视图采用_____画法。

（3）件8的材料为_____，作用为_____。

（4）图中尺寸88为_____尺寸，32为_____尺寸，$\phi15F8/h7$为_____尺寸。

（5）$\phi14H8/f8$表示件_____与件_____的_____配合。

（6）件5的主要作用是_____。

（7）件6_____（填"能"或"不能"）转动。

（8）若使行程截止阀入口与出口导通，需压下件_____，件6最大移动距离为_____mm。

9.6 读装配图，回答下列问题（一）

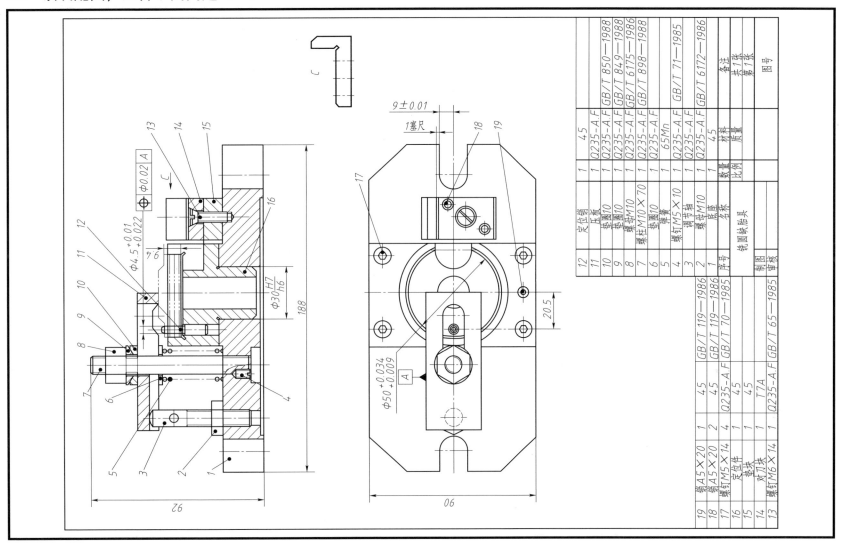

9.6 读装配图，回答下列问题（二）

（1）铣圆缺胎具装配图由标准件和_____件组成，其中标准件有_____个。

（2）件 14 和件 15 是用件_____固定、用件_____定位的。

（3）工件是通过件 7、件_____和件_____来夹紧，图示位置工件被_____。（填"夹紧"或"松开"）

（4）ϕ30H7/h6 表示件_____与件_____之间的配合。

（5）要快换工件，只要先松开件_____，然后向_____（填"左"或"右"）移动件_____即可。

（6）件 4 的作用是_____，图中位置公差项目是_____。

（7）当工件高度增加时，需先松开件_____，再调整件_____的高度。

9.7 读装配图，回答下列问题

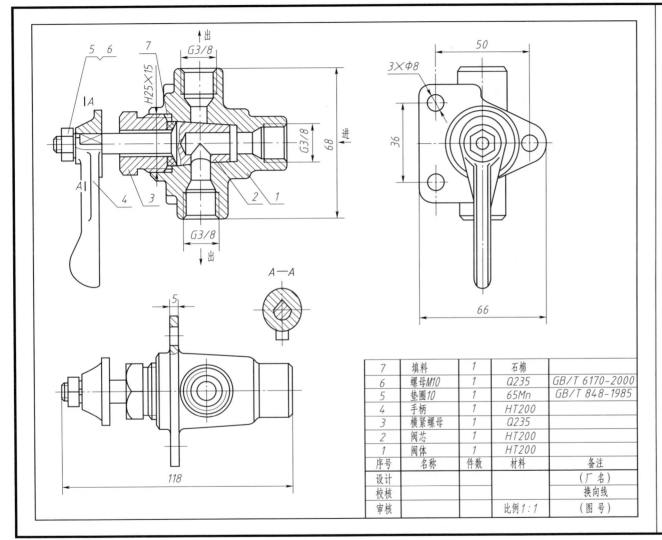

（1）本装配图共用_____个图形表达，A—A断面表示_____和_____之间的装配关系。
（2）换向阀由_____种零件组成，其中标准件有_____种。
（3）换向阀的规格尺寸为_____，图中标记G3/8的含义是：G是_____代号，它表示_____螺纹，3/8是尺寸_____。
（4）3×φ8孔的作用是_____，其定位尺寸称为_____尺寸。
（5）锁紧螺母的作用是_____。

9.8 读装配图，回答下列问题

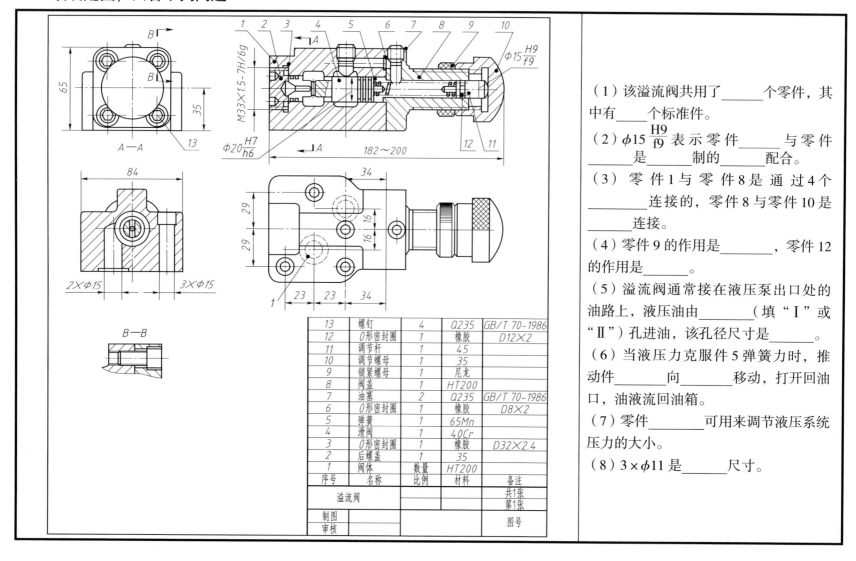

（1）该溢流阀共用了_____个零件，其中有____个标准件。

（2）$\phi15\dfrac{H9}{f9}$ 表示零件_____与零件_____是____制的____配合。

（3）零件1与零件8是通过4个_____连接的，零件8与零件10是____连接。

（4）零件9的作用是_____，零件12的作用是_____。

（5）溢流阀通常接在液压泵出口处的油路上，液压油由_____（填"Ⅰ"或"Ⅱ"）孔进油，该孔径尺寸是_____。

（6）当液压力克服件5弹簧力时，推动件_____向_____移动，打开回油口，油液流回油箱。

（7）零件_____可用来调节液压系统压力的大小。

（8）$3\times\phi11$是_____尺寸。

9.9 读装配图，回答下列问题（一）

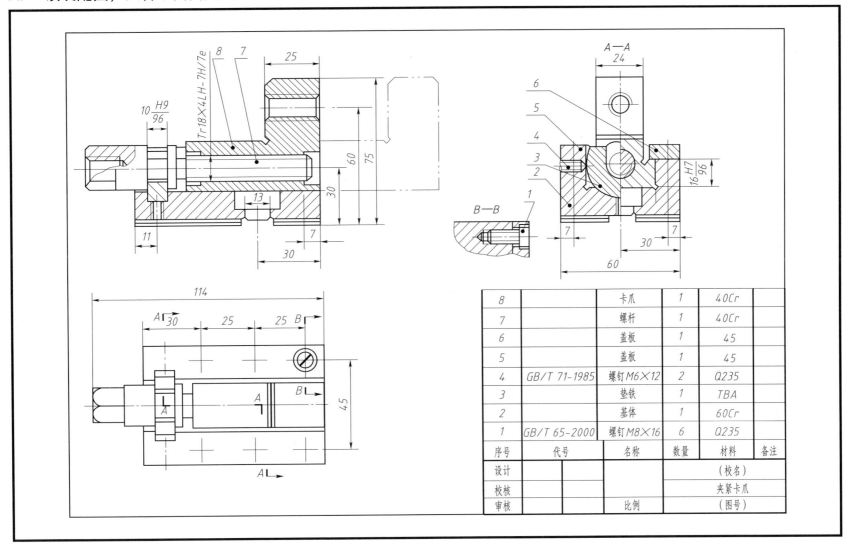

9.9 读装配图，回答下列问题（二）

（图见上页）

工作原理：

夹紧卡爪是组合夹具，在机床上用来夹紧工件，由 8 种零件组成。卡爪 8 底部与基体 2 凹槽相配合。螺杆 7 外螺纹与卡爪的内螺纹旋合，而螺轩的缩颈被垫铁 3 卡住，使它只能在垫铁中转动，而不能沿轴向移动。垫铁用两个螺钉 4 固定在基体的弧形槽内。为了防止卡爪脱出基体，用前后两块盖板 5、6 通过 6 个螺钉 1 连接。当用扳手旋转螺杆 7 时，靠梯形螺纹传动，使卡爪在基体内左右移动，以便夹紧或松开工件（主视图右侧用双点画线表示）。

1. 该装配体共由_____种零件组成，其中有_____种标准件。
2. 基体的材料是_____。
3. 装配体左视图是采用_____个平行的剖切面剖切得到的全剖视图。
4. B—B 局部剖视表达了件_____与件_____是_____连接。
5. 零件 2 和零件 3 是通过_____连接，起到定位（固定）作用。
6. 卡爪通过螺杆转动实现左右移动，传动螺纹的类型为_____螺纹。
7. 装配体主视图中的双点画线画法是_____。
8. 装配体的尺寸 114 为_____尺寸，45 为_____尺寸。
9. 若绘制螺杆零件图，螺杆外螺纹的标记为_____。
10. 主视图左下角有一处螺孔（标有尺寸 11），其作用是_____。

9.10 读装配图，回答下列问题（一）

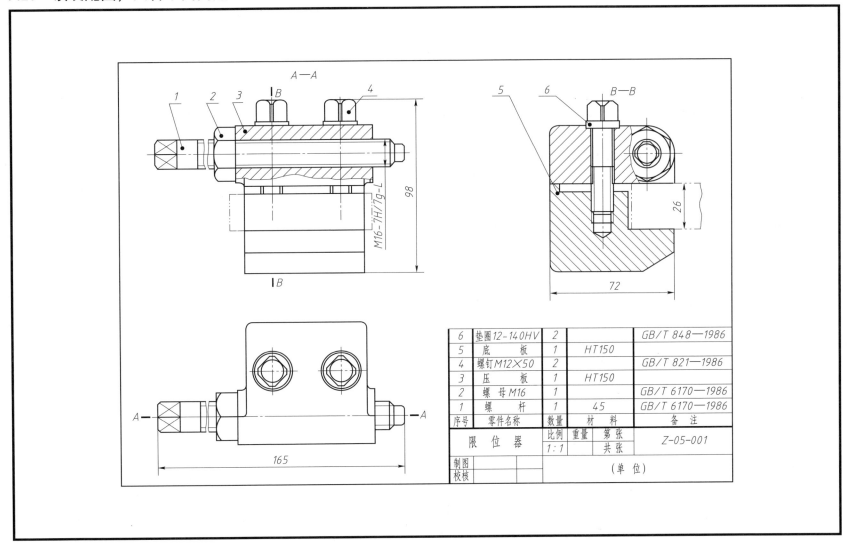

9.10 读装配图，回答下列问题（二）

（图见上页）

限位器工作原理：

限位器是安装在车床导轨上限制刀架（拖板箱）移动位置的一种安全装置。把该装置的底板（件5）和压板（件3）与车床导轨表面接触，通过两个螺钉（件4）拧紧使底板和压板夹紧在导轨上来固定其位置，通过调整螺杆（件1）的伸出长短距离来确定刀架移动的位置。调整时，首先将螺母（件2）松开，旋转螺杆使其轴向移动，待螺杆位置确定后，再将螺母拧紧使其位置固定。螺母起到防止螺杆松动的作用。

1. 该部件共由_____种零件组成，其中包含有_____种标准件。
2. 该部件的主视图和左视图除了采用了局部剖的表达方法外，都采用的一种特殊画法是_____。
3. 该部件中的件1（螺杆）采用了_____画法。
4. 主视图中件1（螺杆）不画剖面线是因为它是_____，其左端绘有交叉细实线段的基本形状是_____。
5. 件2（螺母）的公称直径为_____，在部件中起_____作用。
6. 该部件的总长为_____，总宽为_____，总高为_____。
7. M16-7H/6g-L 表示螺杆与螺纹孔是_____螺纹，螺纹公称直径为_____；7H 表示_____的公差带代号，6g 表示_____的公差带代号；L 表示_____。
8. 明细表中"45"表示_____。
9. 该装置的主要尺寸参数是机床_____部分的厚度尺寸，其数值是_____。